"十三五"普通高等教育系列教材

电子技术基础实验

主　编　龙世瑜

副主编　梁启文

编　写　陈新原　刘如军　刘桂英

主　审　许　棠

中国电力出版社
CHINA ELECTRIC POWER PRESS

内 容 提 要

本书为广东省高等学校教学质量与教学改革工程——岭南师范学院电工电子实验教学示范中心建设项目成果，是根据电类专业与非电类专业电工电子实验教学大纲要求和实验教学改革需要而编写的。本书在满足理论实践教学的同时，提高了综合性和设计性实验比例，分为四章，共计27个实验项目，其中包含14个验证性实验，13个综合性和设计性实验。各实验项目后均配有思考题。

本书主要作为普通高等院校本科电子技术实验课程教材，也可作为高职高专院校相关课程教材。

图书在版编目(CIP)数据

电子技术基础实验/龙世瑜主编. —北京：中国电力出版社，2016.5（2021.7重印）
“十三五”普通高等教育规划教材
ISBN 978-7-5123-9195-6

Ⅰ. ①电… Ⅱ. ①龙… Ⅲ. ①电子技术-实验-高等学校-教材 Ⅳ. ①TN-33

中国版本图书馆CIP数据核字(2016)第073585号

中国电力出版社出版、发行
（北京市东城区北京站西街19号 100005 http://www.cepp.sgcc.com.cn）
北京雁林吉兆印刷有限公司印刷
各地新华书店经售
*
2016年5月第一版 2021年7月北京第三次印刷
787毫米×1092毫米 16开本 6.75印张 156千字
定价 **16.00** 元

前　言

本书根据电类专业与非电类专业电工电子实验教学大纲要求和实验教学改革的需要而编写，适用于相关专业的电路分析、模拟电子技术、数字电子技术与电工学等本、专科的相关实验课程教学。本书获得广东省高等学校教学质量与教学改革工程——岭南师范学院电工电子实验教学示范中心项目资助，编写本书也是实验教学示范中心建设的要求。

本书依照教学规律，按照由浅入深的学习和能力培养原则，分层次安排实验内容，后一层次的内容以前一层次为基础，逐步加深，将知识点贯通，指导学生循序渐进地完成实验，在实验中培养学生电子技术工程实践能力。本书包括四章，共有 27 个实验项目，其中包含 14 个验证性实验，13 个综合性和设计性实验。本书第一章介绍了电工、电子实验基本知识，安全用电、常用电子元器件、仪器、仪表及数据处理的相关内容。第二章介绍了电路与电工学的相关实验内容。第三章介绍了模拟电子技术的相关实验内容。第四章介绍了数字电子技术的相关实验内容。本书内容在满足理论实践教学的同时适当提高了综合性和设计性实验比例，扩充了部分实验内容和实验项目，并在每个实验后配有一定的思考题，以开拓学生的思维。

本书由许棠教授主审。参加教材编写的有：龙世瑜（第一章），陈新原（第二章），梁启文（第三章），刘如军、刘桂英（第四章）。

在编写过程中，得到了张炜教授、林汉副教授的精心指导，同时电子信息工程系许多教师为本书的编写和修改提出了许多宝贵意见，在此一并致谢。

限于编者水平，书中存在不足在所难免，恳请读者提出宝贵意见，以便修改。

编　者
2016.3

目 录

第一章　电子技术实验基础知识

电子技术实验的性质与任务是电子工作者通过实验的方法和手段，分析器件、电路的工作原理，完成器件、电路性能指标的检测，验证和扩展器件、电路的功能及其使用范围，设计并组装各种实用电路和整机。通过实验手段，使学生获得电子技术方面的基本知识和基本技能，并运用所学理论来分析和解决实际问题，提高实际工作的能力。熟练地掌握电子实验技术，无论是对从事电子技术领域工作的工程技术人员，还是对正在进行本课程学习的学生来说，都是极其重要的。

第一节　实　验　须　知

一、实验要求

（1）能正确使用常用的电工仪表、电工设备及常用的电子仪器。

（2）能按电路图正确地接线和查线。

（3）学习查阅手册，具备使用常用的电子元器件的基本知识。

（4）能准确读取实验数据，观察实验现象，测绘波形曲线。

（5）能整理分析实验数据，独立写出内容完整、条理清楚、整洁的实验报告。

二、实验课前学生应做的准备工作

（1）阅读实验教材，明确实验目的、任务，了解实验内容及测试方法。

（2）复习有关理论知识并掌握所用仪器的使用方法，认真完成所要求的电路设计和软件仿真、实验底板安装等任务。

（3）根据实验内容拟好实验步骤，选择测试方案。

（4）对实验中应记录的原始数据和待观察的波形，应先列表待用。

三、实验总结报告的要求

实验报告是培养学生科学实验的总结能力和分析思维能力的有效手段，也是一项重要的基本功训练，它能很好地巩固实验成果，加深对基本理论的认识和理解，从而进一步扩大知识面。

实验报告是一份技术总结，要求文字简洁，内容清楚，图表工整，一律用学校规定的实验报告纸认真书写。报告内容应包括实验目的、实验原理、实验使用仪器和元器件、实验内容和结果以及实验结果分析讨论等，其中实验内容和结果是报告的主要部分，它应包括实际完成的全部实验，并且要按实验任务逐个书写，每个实验任务应有如下内容：

（1）实验课题的测试电路图、电路原理的分析说明等。对于设计性课题，还应有整个设计过程和关键的设计技巧说明。

（2）实验记录和经过整理的数据、表格、曲线和波形图。其中表格、曲线和波形图应充分利用专用实验报告简易坐标格，使用三角板、曲线板等工具描绘，力求画得准确，不得随手示意画出。

(3) 实验结果分析、讨论及结论。对讨论的范围，没有严格要求，一般应对重要的实验现象、结论加以讨论，进一步加深理解。此外，对实验中的异常现象，可作一些简要说明，实验中有何收获，可谈一些心得体会。

在编写实验报告时，常要对实验数据进行科学的处理，才能找出其中的规律，并得出有用的结论。常用的数据处理方法是列表和作图。实验所得的数据可分类记录在表格中，这样便于对数据进行分析和比较。实验结果也可绘成曲线，直观地表示出来。在作图时，应合理选择坐标刻度和起点位置（坐标起点不一定要从零开始），并要采用方格纸绘图。当标尺范围很宽时，应采用对数坐标纸。另外，在波形图上通常还应标明幅值、周期等参数。

第二节　安全用电常识和实验室安全用电规则

如果不能正确用电，不仅会损坏电气设备，还会造成各种严重事故，如火灾、爆炸以及人员触电死亡等。

一、触电

电对人体的伤害有电击和电伤两种类型。电击是指电流通过人体内部，影响呼吸、心脏和神经系统，造成人体内部组织的损坏乃至死亡。电伤是指电对人体外部造成的局部伤害，如电弧烧伤等。绝大部分触电事故是由电击造成的，通常所说的触电事故基本上是电击。

触电时，通过人体的电流达到 50mA 以上，就有生命危险。电压越高，通过人体的电流越强。经验证明，对于人体来说，低于 36V 的电压是安全的。照明电路和动力电路的电压都比 36V 高得多，因此，在这些情况下，必须防止发生触电事故。

实验中造成电击的主要危险是由于用电设备的破损或故障、电路连接错误或操作不当等。此外，对于已充电的电容器（特别是高电压、大容量的电容器），即使断开电源，由于残留电荷的作用，触及它时也会发生电击，尤其应引起注意。

二、实验室电源连接

一般实验室的电源由低压电力网提供。低压电力网通常采用三相四线制，频率为 50Hz，电压为 380/220V。图 1-1 为实验室供电系统的示意图。其中 A、B、C 为相线（火线）；O 为工作零线（零线），它是三相电源星形联结时的中性线；⊥为保护零线（地线），它是为安

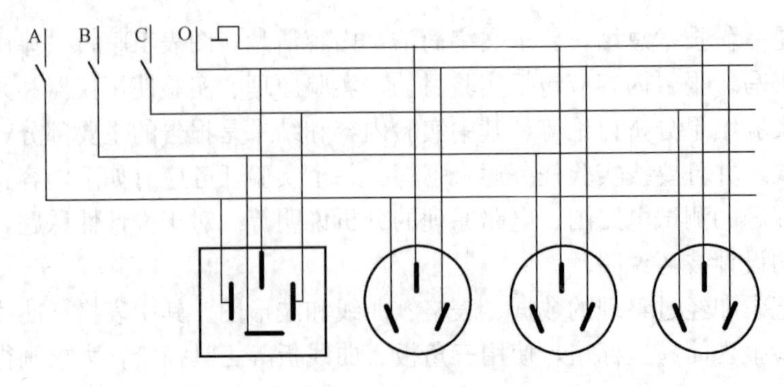

图 1-1　实验室供电系统

全而设置的接地线。接地通常是指用电设备的金属外壳直接与地连接，而接零是指与保护零线连接（虽然保护零线也是接地的，但用电设备的金属外壳只接保护零线，并不直接接地）。图 1-2 给出了接零和接地两种情况。在中性点不接地的低压系统中采用保护接地的方式；在中性点接地的低压系统中均采用保护接零的方式，而不能采用保护接地的方式。

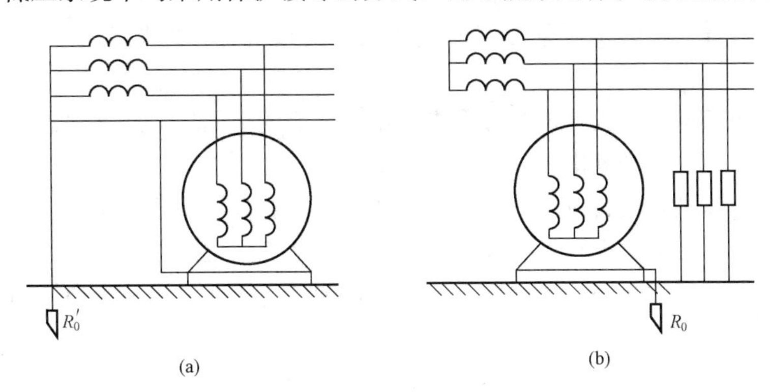

图 1-2　实验室接零和接地
（a）保护接零；（b）保护接地

实验室一般采用中性点接地系统，因此一般采用保护接零。由于机器的金属外壳是接零的，而仪器的输出端子（如信号发生器）或输入端子（如毫伏表）都有一端是和机壳相通的，因此当数台仪器相互连接时，一定要将接零端和接零端连在一起，如图 1-3（a）所示；否则将会发生短路，使得仪器不能正常工作，甚至损坏。

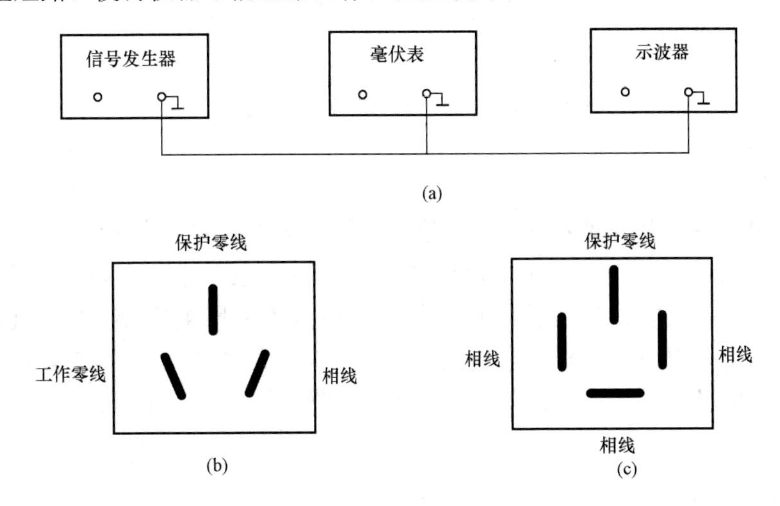

图 1-3　实验室电源接线
（a）仪器接线；（b）三芯电源插座（头）接线；（c）三芯电源插座（头）接线

用电设备的电源插座（头）采用图 1-3（b）和图 1-3（c）所示插座（头）。

判别相线与工作零线的最简单方法是用试电笔。试电笔由一只氖管和一个电阻（约 1MΩ）串联构成，手持一端、另一端与相线接触时，氖管两端有高电压即发光；另一端与工作零线接触时，氖管两端无高电压，则氖管不发光。因此可以根据氖管发光与否来判别相线与工作零线。试电笔中电阻阻值很高，通过人体的电流极小，不会使人触电。但应当注意，试电笔只能用于220～380V的电压，超过此电压则不安全，过低则无效。

三、实验室安全用电规则

安全用电是实验中始终需要注意的重要问题。为了做好实验，确保人身安全和设备安全，在做实验时，必须严格遵守下列安全用电规则：

（1）接线、改线、拆线都必须在切断电源的情况下进行，即先接线后通电，先断电再拆线。

（2）电路通电情况下，人体严禁接触电路中不绝缘的金属导线或连接点等带电部位。万一遇到触电事故，应立即切断电源，进行必要的处理。

（3）实验中，特别是设备刚投入运行时，要随时注意仪器设备的运行情况，如发现有超量程、过热、异味、冒烟、火花等，应立即断电，并请老师检查。

（4）实验时应注意力集中，同组同学必须密切配合，接通电源前需通知同组同学，以防止触电事故。

（5）电动机转动时，应防止导线、发辫、围巾等物品卷入。

（6）了解有关电器设备的规格、性能及使用方法，例如，不得用电流表或万用表的电阻、电流挡去测量电压；功率表的电流线圈不能并联在电路中等。

（7）一旦发生触电事故，应使触电者迅速脱离电源然后急救。脱离电源的方法应根据当时条件采取如断开开关、拔出电源插头等；或采用干燥的绝缘物拨开电源线等一切在保证施救者安全的前提下使触电者迅速脱离电源的措施。脱离电源后应根据受伤害的程度施救。若停止呼吸或心脏停跳，应立即进行人工呼吸或人工胸外心脏按压，并迅速与医院急救取得联系进行救援。

第三节 常用电子元器件

一、电阻器

电阻器是用有一定电阻率的材料，通过一定的工艺方法制造出来的电子元件。当电阻器两端施加一定电压时，便有一定的电流流过。在电子电路中，电阻器常用来组成分流器、分压器等。根据电阻器导电体结构的特征，可分为薄膜电阻器、实心电阻器和线绕电阻器三大类；根据电阻器工作时阻值能否变化，又可分为固定电阻（阻值不可变）、可变电阻器（电阻值可调）和电位器等。电阻外形如图1-4所示，电阻器和电位器的型号命名法见表1-1。

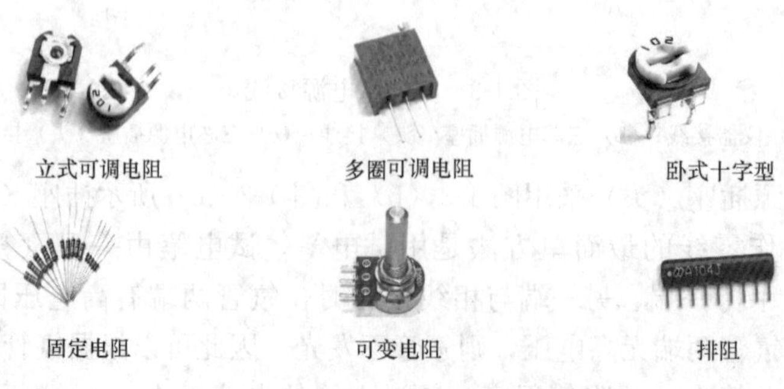

图1-4 电阻外形

表 1-1　　电阻器和电位器的型号命名法

第一部分		第二部分		第三部分		第四部分
用字母表示主称		用字母表示材料		用数字或字母表示分类		用数字表示序号
符号	意义	符号	意义	符号	意义	
R	电阻器	T	碳膜	1	普通	
W	电位器	P	硼碳膜	2	普通	
		U	硅碳膜	3	超高频	
		H	合成膜	4	高阻	
		I	玻璃釉膜	5	高温	
		J	金属膜	6		
		Y	氧化膜	7	精密	
		S	有机实芯	8	高压或特殊函数	
		N	无机实芯	9	特殊	
		X	线绕	G	高功率	
		R	热敏	T	可调	
		G	光敏	X	小型	
		M	压敏	L	测量用	
				W	微调	
				D	多圈	

电阻器的类型、阻值、误差、额定功率等，一般用上表的命名符号、数字标写在电阻上。固定电阻器用四部分字母和数字表示，这些字母和数字直接标写在电阻上，如 RTX-0.25-51k±10%，表示这个电阻是小型碳膜电阻，额定功率为 0.25W，阻值为 51kΩ，容许误差为±10%。对于一些体积很小的合成固定电阻器，其电阻和误差常以色环表示，如图 1-5 所示。图中四道色环的含义是：第 1、2 色环表示电阻值的第一、第二位的两位数字；第 3 色环表示乘以 10 的次方；第 4 色环表示电阻值的容许误差。色环所代表的数字大小及意义见表 1-2。

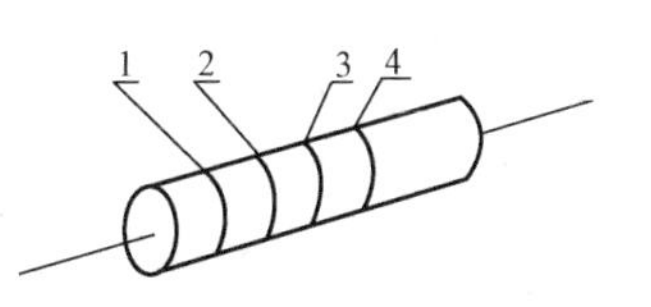

图 1-5　电阻器

表 1-2　　色环所代表的数字意义

色　别	黑	棕	红	橙	黄	绿	蓝	紫	灰	白	金	银	本色
对应数值	0	1	2	3	4	5	6	7	8	9			
误　差											±5%	±10%	±20%

例如，上述电阻第 1 环是红色；第 2 环是紫色；第 3 环是黄色；第 4 环是金色，则表示这个电阻是 $27\times10^{4}\Omega$，误差为±5%。

有三个接头的可变电阻就是电位器，电位器的类型、阻值等同样用表 1-1 中的命名符号、数字标写在电位器上，电位器上标写的数字是指电位器的最大电阻值。如 WTX4.7Ω，表示小型碳膜电位器，其最大电阻值是 4.7Ω。

二、电容器

按电容值是否可调分为固定式和可变式。固定电容器按介质材料可分为空气电容器、纸介电容器（包括金属化纸介电容器）、薄膜电容器和电解电容器等。根据外形又有筒形、管形、圆片形等。电容器外形如图 1-6 所示。

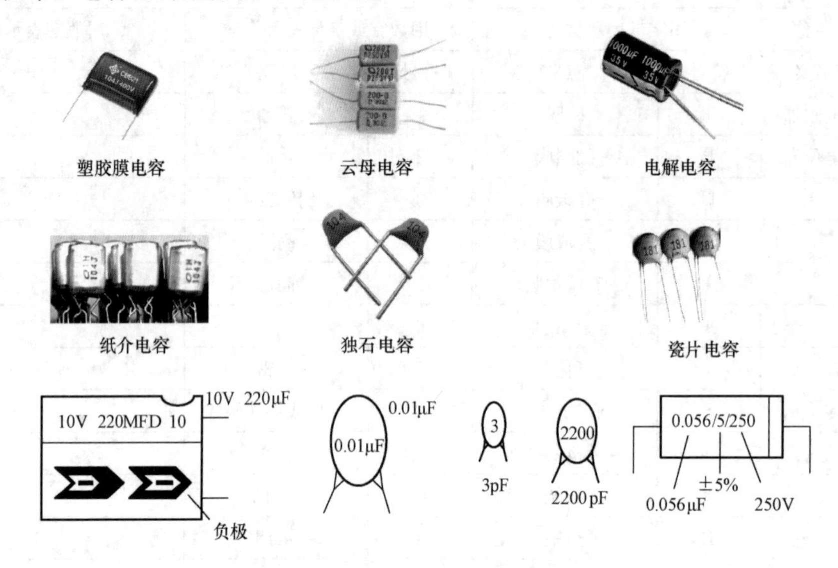

图 1-6　电容器

根据国标 GB 2691—1981 规定，电容器命名格式如图 1-7 所示；电容器型号中字母的意义见表 1-3；电容器型号中数字的意义见表 1-4；固定式电容器标称容量系列见表 1-5。

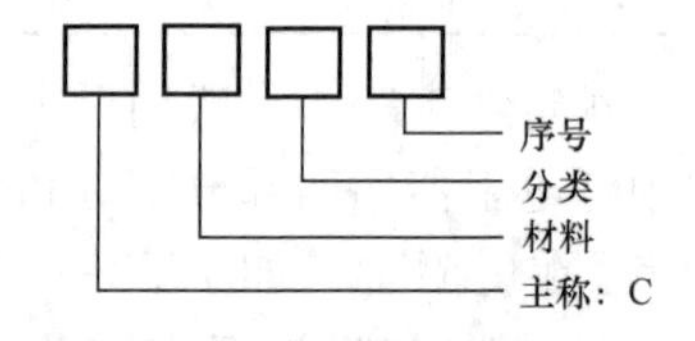

图 1-7　电容器命名格式

表 1-3　　电容器型号中字母的意义

代号	C	T	I	O	Y	V	Z	J	B	BF
意义	高频瓷	低频瓷	玻璃釉	玻璃膜	云母	云母纸	纸介	金属化纸	聚苯乙烯等非极性有机薄膜	聚四氟乙烯等非极性有机薄膜

代号	Q	H	D	A	N	G	L	LS	E	G	W
意义	漆膜	复合介质	铝电解质	钽电解质	铌电解质	合金电解质	涤纶等极性有机薄膜	聚碳酸酯极性有机薄膜	其他材料电解质	高功率	微调

表 1-4　　电容器型号中数字的意义

数字代号	意义			
	瓷介	云母	有机	电解
1	圆片	非密封	非密封	箔式
2	管型	非密封	非密封	箔式

续表

数字代号	意义			
	瓷介	云母	有机	电解
3	叠片	密封	密封	烧结粉液体
4	独石	密封	密封	烧结粉固体
5	穿心		穿心	
6	支柱等			
7				无极性
8	高压	高压	高压	
9			特殊	特殊

表 1-5 固定式电容器标称容量系列

类型	允许偏差	容量标称值	
纸介电容、金属化纸介电容、纸膜复合介质电容、低频（有极性）有机薄膜介质电容	±5%、±10%、±20%	100pF～1μF	1.0 1.5 2.2 3.3 4.7 6.8
		1～100μF	1 2 4 6 8 10 15 20 30 50 60 80 100
高频（无极性）有机薄膜介质电容、瓷介电容、玻璃釉电容、云母电容	±5%	1.0 1.1 1.2 1.3 1.5 1.6 1.8 2.0 2.2 2.4 2.7 3.0 3.3 3.6 3.9 4.3 4.7 5.1 5.6 6.2 6.8 8.2	
	±10%	1.0 1.2 1.5 1.8 2.2 2.7 3.3 3.9 4.7 5.1 5.6 6.8 7.5 8.2	
	±20%	1.0 1.5 2.2 3.3 4.7 6.8	

（1）耐压。电容器按技术条件规定的温度长期工作所能承受的最大电压。

（2）极限工作频率。电容器的工作频率超过它的固有频率后就实际转化为电感元件，一般来说最大工作频率选在其固有频率的 1/2～1/3 以下。

三、电感器

电感器即电感线圈，是用导线（漆包线、纱包线、裸铜线、镀金铜线等）绕制在绝缘管或铁心、磁心上的一种常用电子元件，常用在滤波、振荡、调谐、扼流等电子电路中。

电感器的参数有电感量 L、品质因数 Q、分布电容 C、电流量等，最常用的参数是电感量，单位为亨利，简称亨，用 H 表示。毫亨（mH）、微亨（μH）、纳亨（nH）也是电感量的基本单位。在高频电路中，电感器的品质因数是一个很重要的物理参数，Q 值高，电感损耗就小。

四、二极管

二极管种类很多，按材料，可分为锗二极管、硅二极管、砷化镓二极管等；按制作工艺可分为点接触型和面接触型二极管；按用途可分为整流、检波、稳压、光电、开关二极管等；按封装形式可分为塑封、玻封、金属封装等类型。晶体二极管有正、负两根电极引线。二极管外形如图 1-8 所示。

不同类型的二极管有不同的参数指标。普通二极管的主要参数应考虑最大整流电流 I_B、反向击穿电压 V_{BR}、反向电流 I_R、最高工作频率等，这些参数直接影响晶体二极管在电路中

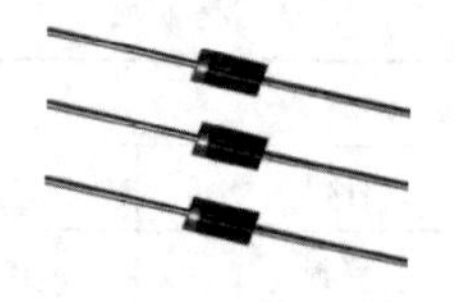

图 1-8 二极管

能否正常工作。各种型号的二极管参数请查阅相关手册。

稳压二极管又称齐纳二极管，也是由一个 PN 结组成，当它的反向电压大到一定数值（即稳压值）时，PN 结被击穿，反向电流突然增加，而反向电压基本不变，从而实现稳压功能。

稳压管的主要参数有稳定电压 V_Z、稳定电流 I_Z 和耗散功率 P_M。不同型号的稳压管具有不同的稳压范围，即使是同一型号其稳压值也不尽相同，使用时一定要测量它的实际稳压值。稳压管常在电子电路中起稳压、限幅、恒流等作用。

发光二极管同样只有单向导电特性，它在正向导通时会发光，发光的颜色与其材料有关，发光强度与流过它的正向电流有关。发光二极管作为各类显示及光电传感，在实际电路中得到越来越广泛的应用。

五、晶体管

晶体管又称双极型晶体管，内含两个 PN 结，三个导电区域。从三个导电区域引出三根电极，分别为集电极（c）、基极（b）和发射极（e）。

晶体管的种类很多，按半导体材料不同可分为锗型和硅型晶体管；按功率不同可分为小功率、中功率和大功率晶体管；按工作频率不同可分为低频管、高频管和超高频管；按用途不同可分为放大管、开关管、阻尼管、达林顿管等。晶体管的用途非常广泛，主要用于各类放大、开关、限幅、恒流、有源滤波等电路中。

晶体管外形、种类如图 1-9 所示。

图 1-9 晶体管

晶体管的参数用来表征管子的性能优劣和适应范围，也是选用晶体管的依据。晶体管的参数较多，最常用到的有如下参数：

（1）电流放大系数 β。即晶体管在共发射极接法时的电流放大系数，有直流电流放大系数和交流电流放大系数之分，在工程设计时，常用 β 表示，产品手册中用 h_{fe} 表示。β 值的离散性很大，一般在 20～200。β 值越大，电路增益越大，但容易产生自励，所以必须根据电路参数恰当选择 β 值，一般选择 50～120 范围内较好。

（2）极间反向电流 I_{CBO}、I_{CEO}。集电极—基极反向饱和电流 I_{CBO} 表示发射极开路，c、b 间加上一定反向电压时的反向电流；集电极—发射极反向饱和电流 I_{CEO} 表示基极开路，c、e 间加上一定反向电压时的集电极电流，又称穿透电流。这两个电流要求越小越好。

（3）集电极最大允许电流 I_{CM}。I_{CM} 是指晶体管的参数变化不超过允许值时集电极允许的最大电流。电路工作时，集电极的最大工作电流不能大于 I_{CM}，否则晶体管的性能将显著下降，甚至烧坏管子。

（4）集电极最大允许功耗 P_{CM}。P_{CM}表示集电结上允许损耗功率的最大值，超过此值就会使管子性能变坏甚至烧坏。有时为了提高 P_{CM}或者避免集电结上损耗功率超过 P_{CM}，常加装散热装置。

（5）反向击穿电压 $v_{(BR)EBO}$、$v_{(BR)CBO}$、$v_{(BR)CEO}$。晶体管的反向击穿电压有集电极开路时发射极—基极间的反向击穿电压 $v_{(BR)EBO}$、发射极开路时集电极—基极间的反向击穿电压 $v_{(BR)CBO}$、基极开路时集电极—发射极间的反向击穿电压 $v_{(BR)CEO}$。在实际使用时，电路中各级之间的反向工作电压都必须小于上述的反向击穿电压值，否则将给晶体管造成永久性损坏。

六、集成电路

集成电路，缩写为 IC，它是将晶体管、电阻、电容等电子元器件按电路结构要求，制作在一块半导体芯片上，然后封装而成。半导体集成电路的外形结构大致有三种：圆形金属外壳封装、扁平形外壳封装和直插式封装。常见集成块外形如图 1-10 所示。

集成电路的引脚引出线数量不同，且数目多，但其排列方式有一定规律。一般是从外壳顶部看，按逆时针方向编号。第 1 引脚位置处都有参考标记，如图形以管键为参考标记，以键为准逆时针方向数，第 1、2、3、…引脚，扁平型或双列直插型，一般均有小圆点或缺口为标记，在靠近标记的左下脚为第 1 引脚，然后按逆时针方向数 1、2、3、…引脚。单列直插式的左下角也有圆点或缺口标记，以靠近标记处为第 1 引脚，从左向右数 1、2、3、…引脚。有些集成电路外壳上设有色点或其他标记，但总有一面印有器件型号，把印有型号的一面朝上，左下脚为第 1 引脚。

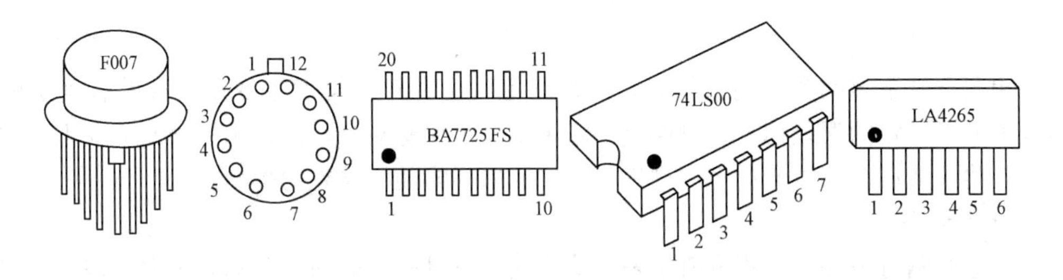

图 1-10　常见集成块外形

第四节　测量误差分析与数据处理

一、测量误差的表示方法

误差通常有绝对误差和相对误差两种表示方法。

1. 绝对误差

绝对误差又称为绝对真误差，它可以表示为

$$\Delta\chi = \chi - \chi_0$$

式中　$\Delta\chi$——绝对误差；

χ——被测量的给出值；

χ_0——被测量的真值。

给出值在测量中通常是被测量的测量值，但也可以是仪器的示值，量具的标称值，近似计算的近似值等。

真值可由理论给出或由计量学作出规定。大多数情况下真值常常只能尽量逼近，很难完全确定。在一般测量工作中，通常是把由更高一级以上的标准仪器或与计量基准对比所测得的值来代替真值（称实际值）。只要标准仪器的误差与测量仪器的误差相比小于1/3～1/20，用实际值代替真值通常是允许的。

2. 相对误差

相对误差又称为相对真误差，它是绝对误差与真值的比值，通常用百分数表示。即

$$\gamma = \frac{\Delta \chi}{\chi_0} \times 100\%$$

相对误差可以较好地反映某次测量的准确程度。

二、测量误差及处理方法

测量误差根据其性质和特点，可分为系统误差、随机误差和粗大误差三大类。

1. 系统误差

在相同条件下多次测量同一量时，误差的绝对值和符号保持恒定，或在条件改变时按某种确定规律变化的误差称为系统误差。造成系统误差的原因很多，常见的有以下几个方面：测量设备误差、使用误差、影响误差、理论和方法误差。相应采取的措施有：

（1）测量原理、方法力求正确、严格。

（2）测量仪器定期检定、校准，并注意仪器的正确使用条件和方法。

（3）采取措施尽力消除周围环境对测量的影响，如恒温、散热、屏蔽、减振等措施。

（4）提高测量人员的技术水平和工作责任心。

2. 随机误差

在相同条件下多次测量同一量时，误差的绝对值和符号均发生变化，且没有确定的规律，也不可以预定的误差称为随机误差。它主要是由那些对测量值影响较小而又互不相关的多种因素共同造成，可以通过多次测量取平均值来削弱随机误差的影响。

3. 粗大误差

在一定的测量条件下，测量值显著地偏离其真值时所对应的误差称为粗大误差。它主要是由读数错误、记录错误、仪器故障、测量方法不合理、计算错误及不能允许的干扰等原因造成。就数值大小而言，一般明显地高于正常条件下的系统误差和随机误差。凡确定含有粗大误差的测量数据称为坏值，应该剔除不用。

三、测量数据处理

通过实验测量出数据后，通常还要对这些数据进行计算、分析、整理，有时还要把数据归纳成一定的表达式或表格、曲线等，这就是数据处理。数据处理建立在误差分析的基础上，在数据处理过程中要进行去粗取精、去伪存真的工作，通过分析、整理得出正确的科学结论，并在实践中进一步检验。

1. 有效数字

由于测量误差使得测量数据不可能完全准确，另外，在对测量数据进行计算时，遇到像π、e、$\sqrt{2}$等无理数也只能取近似值，所以实验得到的数据通常只是一个近似数，当用这个数来表示一个量时，为了表示得确切，通常规定误差不得超过末位数字的一半。如末位数字

是个位，则包含的绝对误差不应大于 0.5。这种误差不大于末位单位数字一半的数，从它左边第一个不为零的数字起，直到右边最后一个数字止，都称为有效数字。根据定义可知，数字左边的零不是有效数字，而中间和右边的数字是有效数字，如 0.0500kΩ，左边的两个零不是有效数字，因为它可以通过单位变换变换为 50.0Ω，而右边的两个零对应着测量的精度，不能随意增减，50.0Ω 代表误差的绝对值不超过 0.05Ω，因此有效数字的位数要和误差大小相对应。此外，对于像 100000Hz 这样的数字，若百位数上包含了误差，就只能有四位有效数字，应该用有效数字乘以十的乘幂的形式来表示为 1.000×10^5 Hz，它表明有效数字只有四位，误差绝对值不大于 50Hz。这一点应在记录实验数据时引起注意，使所取的有效数字的位数与实际测量的准确度相一致。

2. 有效数字的舍入规则

当测量时只有 n 位有效数字时，计算过程中出现的超过 n 位的数字就要根据舍入规则进行处理。如对某电流进行了四次测量，分别为 $I_1=1.50$A，$I_2=1.80$A，$I_3=1.40$A，$I_4=1.60$A，它们的平均值为

$$\bar{I}=\frac{1}{4}\sum_{i=1}^{4}I_i=1.575(\mathrm{A})$$

对于每个测量值来说，小数点后的第二位都含有误差，它们的平均值在小数点后的第二位当然也会含有误差，因此小数点后的第三、四位就没有意义了，因此应处理掉。

取 n 位有效数字，那么从右边第 $n+1$ 位数字后的数字都应处理掉，第 $n+1$ 位数字可能为 0～9 共十个数字，它们出现的概率相同，因此目前广泛使用的舍入规则如下：

（1）当保留 n 位有效数字，若后面的数字小于第 n 位单位数字的 0.5 就舍掉。

（2）当保留 n 位有效数字，若后面的数字大于第 n 位单位数字的 0.5 就在第 n 位加 1。

（3）当保留 n 位有效数字，若后面的数字恰为第 n 位单位数字的 0.5，则在第 n 位数字为偶数时就舍掉后面的数字，在第 n 位数字为奇数时，则在第 n 位数字上加 1。由于第 n 位数字为奇数和偶数的概率相同，舍和入的概率也相同，当舍入次数足够多时，舍入误差就会抵消。同时由于规定第 n 位数字为偶数时就舍，为奇数时进 1（这时第 n 位数字由于进 1 也变成偶数了），这就使得有效数字的尾数为偶数的机会大一些，而偶数在作被除数时，被除尽的机会比奇数多一些，这有利于减少计算上的误差。

3. 有效数字的运算规则

处理数据时，常常要运算一些准确度不相等的数值，按照一定的规则运算，既可以提高计算速度，也不会因数字过少而影响结果的准确性。常用规则如下：

（1）加法运算。参加运算的加数所保留的小数点后的位数，一般应与各数中小数点后位数最少的位数相同。

（2）减法运算。参加运算的数据数值相差较大时，与加法规则相同；相差较小时，运算后将失去若干位有效数字，误差较大，应予避免。解决的方法是尽量采取其他的测量方法。

（3）乘除运算。一般以百分误差最大或有效数字位数最少的项为准，不考虑小数点的位置。如 0.12、1.057、23.41 相乘，0.12 的位数最少，则 $0.12\times1.1\times23=3.036$。结果应记为 3.0。

为了减少计算误差，也可多保留一位有效数字，即 0.12×1.06×23.4＝2.97648。结果应记为 3.0。

（4）乘方及开方运算。当指数的底远大于或远小于 1 时，指数的误差对结果影响较大，指数应尽可能多保留几位有效数字。

（5）对数运算。取对数前后的有效数字位数相等，如 lg7.564＝0.8788。

第二章 电 路 实 验

实验一 电路元件伏安特性的测绘（验证性）

一、实验目的

（1）学会识别常用电路元件的方法。

（2）掌握线性电阻、非线性电阻元件伏安特性的逐点测试法。

（3）掌握实验装置上直流电工仪表和设备的使用方法。

二、实验仪器设备

电路元件伏安特性的测绘实验所需仪器设备见表 2-1。

表 2-1 实验仪器设备

序号	名称	型号规格	数量
1	可调直流稳压电源	0～10V	1
2	直流数字毫安表		1
3	直流数字电压表		1
4	二极管	2AP9	1
5	稳压管	2CW51	1
6	线性电阻器	100Ω，510Ω	1

三、预习要求

（1）复习教材中相关内容。

（2）了解实验中所用电子仪器的工作原理。

四、实验原理

任何一个二端元件的特性可用该元件上的端电压 U 与通过该元件的电流 I 之间的函数关系 $I = f(U)$ 来表示，即用 I-U 平面上的一条曲线来表征，这条曲线称为该元件的伏安特性曲线，如图 2-1 所示。

（1）线性电阻器的伏安特性曲线是一条通过坐标原点的直线，如图 2-1 中 a 曲线所示，该直线的斜率等于该电阻器的电阻值。

（2）一般的白炽灯在工作时灯丝处于高温状态，其灯丝电阻随着温度的升高而增大，通过白炽灯的电流越大，其温度越高，阻值也越大，一般灯泡的“冷电阻”与“热电阻”的阻值可相差几倍至十几倍，所以它的伏安特性如图 2-1 中 b 曲线所示。

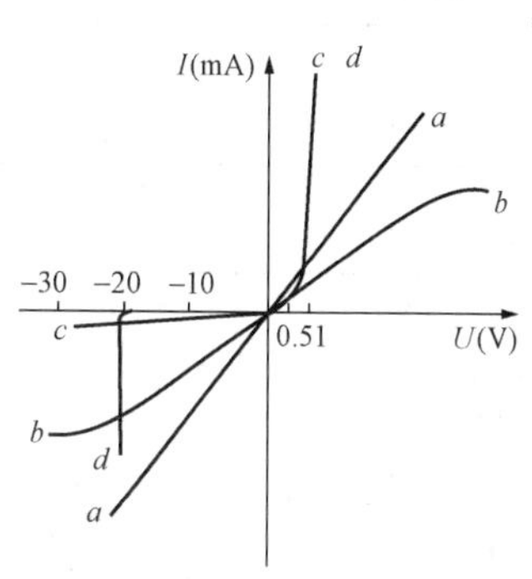

图 2-1 伏安特性曲线

（3）一般的半导体二极管是一个非线性电阻元件，其特性如图 2-1 中 c 曲线所示。正向压降很小（一般的锗管为 0.2～0.3V，硅管为 0.5～0.7V），正向电流随正向压降的升高而急骤上升，而反向电压从零一直增加到十多至几十伏时，其反向电流增加很小，粗略地可视为零。可见，二极管具有单向导电性，但反向电压加得过高，超过管子的极限值，则会导致管子击穿损坏。

（4）稳压二极管是一种特殊的半导体二极管，其正向特性与普通二极管类似，但其反向特性较特别，如图 2-1 中 d 曲线所示。在反向电压开始增加时，其反向电流几乎为零，但当反向电压增加到某一数值时（称为管子的稳压值，有各种不同稳压值的稳压管）电流将突然增加，以后它的端电压将维持恒定，不再随外加的反向电压升高而增大。

五、实验内容与步骤

1. 测定线性电阻器的伏安特性

按图 2-2 接线，调节直流稳压电源的输出电压 U，从 0V 开始缓慢地增加，一直到 10V，在数据记录表 2-2 中记下相应的电压表和电流表的读数，做出线性电阻器的伏安特性电线。

表 2-2 数据记录表

U（V）	0　2　4　6　8　10
I（mA）	

2. 测定半导体二极管的伏安特性

半导体二极管的伏安特性按图 2-3 接线，R 为限流电阻，测二极管 VD 的正向特性时，其正向电流不得超过 25mA，正向压降可在 0～0.75V 取值。特别是在 0.5～0.75 更应多取几个测量点。将正向特性实验数据记录在表 2-3 中。做反向特性实验时，只需将图 2-3 中的二极管 VD 反接，且其反向电压可加到 30V 左右，测量时将数据记录在表 2-4 中。

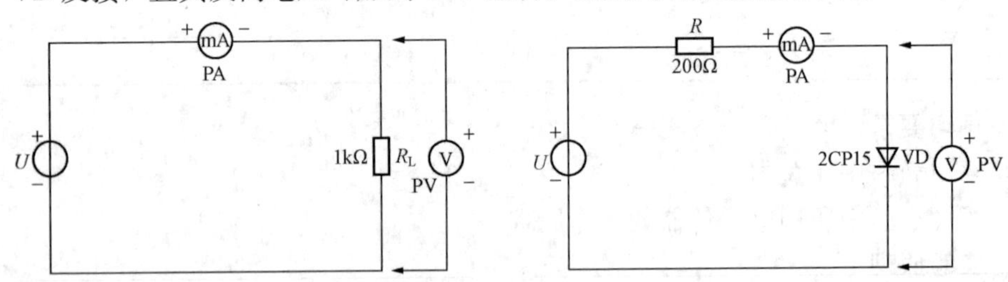

图 2-2　线性电阻器的伏安特性测定电路　　图 2-3　半导体二极管的伏安特性测定电路

表 2-3 正向特性实验数据

U（V）	0	0.2	0.4	0.5	0.55	……	0.75
I（mA）							

表 2-4 反向特性实验数据

U（V）	0	−5	−10	−15	−20	−25	−30
I（mA）							

3. 测定稳压二极管的伏安特性

只要将图 2-3 中的二极管换成稳压二极管，重复实验内容 2 的测量，将数据分别记录在表 2-5 和表 2-6 中。

表 2-5 正向特性实验数据

U（V）	
I（mA）	

表 2-6 反向特性实验数据

U（V）	
I（mA）	

六、实验思考题

（1）线性电阻与非线性电阻的概念是什么？电阻器与二极管的伏安特性有何区别？

（2）设某器件伏安特性曲线的函数式为 $I=f(U)$，试问在逐点绘制曲线时，其坐标变量应如何放置？

（3）稳压二极管与普通二极管有何区别，其用途如何？

实验二　叠加定理的验证（验证性）

一、实验目的

验证线性电路叠加定理的正确性，从而加深对线性电路的叠加性和齐次性的认识和理解。

二、实验设备

叠加定理的验证实验所需仪器设备见表 2-7。

表 2-7 实验仪器设备

序　号	名　称	型号规格	数　量
1	直流稳压电源	＋6V、12V 切换	1
2	可调直流稳压电源	0～10V	1
3	直流数字电压表		1
4	直流数字毫安表		1

三、预习要求

（1）复习教材中叠加定理和齐次性定理的内容。

（2）了解实验中所用电子仪器的工作原理及特性。

（3）利用仿真软件仿真本实验的实验内容。

四、实验原理

叠加定理指出：在由几个独立源共同作用下的线性电路中，通过每一个元件的电流或其两端的电压，可以看成是由每一个独立源单独作用时在该元件上所产生的电流或电压的代数和。

线性电路的齐次性是指当激励信号（某独立源的值）增加 K 倍或减小 $1/K$ 倍时，电路的响应（即在电路其他各电阻元件上所建立的电流和电压值）也将增加 K 倍或减小 $1/K$ 倍。

五、实验内容与步骤

叠加定理实验电路如图 2-4 所示。

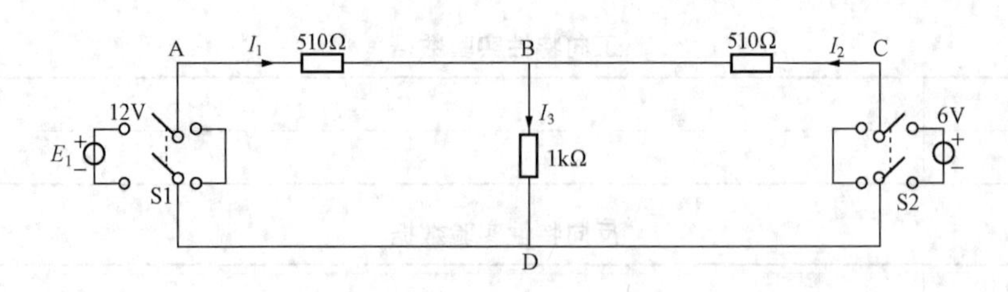

图 2-4 叠加定理实验电路

(1) 按图 2-4 电路接线，E_1为+6V、+12V 切换电源，取 E_1=+12V，E_2为可调直流稳压电源，调至+6V。

(2) 令 E_1电源单独作用时（将开关 S1 投向 E_1侧，开关 S2 投向短路侧），用直流数字电压表和毫安表（接电流插头）测量各支路电流及各电阻元件两端电压，将数据记入表 2-8 的数据记录表中。

表 2-8 数据记录表

测量项目 / 实验内容	E_1 (V)	E_2 (V)	I_1 (mA)	I_2 (mA)	I_3 (mA)	U_{AB} (V)	U_{BC} (V)	U_{CD} (V)	U_{DA} (V)	U_{BD} (V)
E_1单独作用										
E_2单独作用										
E_1、E_2共同作用										
$2E_2$单独作用										

(3) 令 E_2电源单独作用时（将开关 S1 投向短路侧，开关 S2 投向 E_2侧），重复实验内容与步骤（2）的测量和记录。

(4) 令 E_1和 E_2共同作用时（开关 S1 和 S2 分别投向 E_1和 E_2侧），重复上述的测量和记录。

(5) 将 E_2的数值调至+12V，重复上述实验内容与步骤（3）的测量并记录。

六、实验思考题

(1) 叠加定理中 E_1、E_2分别单独作用，在实验中应如何操作？可否直接将不作用的电源（E_1或 E_2）置零（短接）？

(2) 实验电路中，若有一个电阻器改为二极管，试问叠加定理的叠加性与齐次性还成立吗？为什么？

实验三 戴维南定理—有源二端网络等效参数的测定（综合性）

一、实验目的

(1) 验证戴维南定理的正确性。

(2) 掌握测量有源二端网络等效参数的一般方法。

二、实验设备

戴维南定理有源二端网络等效参数的测定实验所需仪器设备见表 2-9。

表 2-9　实验仪器设备

序　号	名　称	型号规格	数　量
1	可调直流稳压电源	0～10V	1
2	可调直流恒流源	0～200mA	1
3	直流数字电压表		1
4	直流数字毫安表		1
5	万用电表		1
6	电位器	1kΩ/1W	1

三、预习要求

（1）复习戴维南定理的具体内容。

（2）利用仿真软件仿真本实验的实验内容。

四、实验原理

1. 有源二端网络

任何一个线性含源网络，如果仅研究其中一条支路的电压和电流，则可将电路的其余部分看作是一个有源二端网络（或称为含源一端口网络）。

戴维南定理指出：任何一个线性有源网络，总可以用一个等效电压源来代替，此电压源的电动势 E_S 等于这个有源二端网络的开路电压 U_{OC}，其等效内阻 R_0 等于该网络中所有独立源均置零（理想电压源视为短路，理想电流源视为开路）时的等效电阻。

U_{OC} 和 R_0 称为有源二端网络的等效参数。

2. 有源二端网络等效参数的测量方法

（1）开路电压、短路电流法。在有源二端网络输出端开路时，用电压表直接测其输出端的开路电压 U_{OC}，然后再将其输出端短路，用电流表测其短路电流 I_{SC}，则内阻为

$$R_0 = \frac{U_{OC}}{I_{SC}}$$

若二端网络的内阻值很低时，则不宜测其短路电流。

（2）伏安法。用电压表、电流表测出有源二端网络的外特性如图 2-5 所示。根据外特性曲线求出斜率 $\tan\varphi$，则内阻为

$$R_0 = \tan\varphi = \frac{\Delta U}{\Delta I}$$

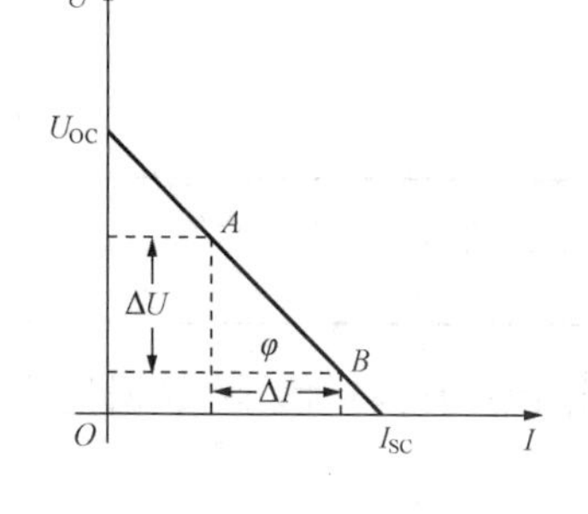

图 2-5　有源二端网络的外特性

用伏安法得到开路电压 U_{OC} 及电流为额定值 I_N 时的输出端电压值 U_N，则内阻为

$$R_0 = \frac{U_{OC} - U_N}{I_N}$$

（3）半电压法。半电压法实验电路如图 2-6 所示，当负载电压为被测网络开路电压一半时，负载电阻（由电阻箱的读数确定）即为被测有源二端网络的等效内阻值。

（4）零示法。在测量具有高内阻有源二端网络的开路电压时，用电压表进行直接测量会造成较大的误差，为了消除电压表内阻的影响，往往采用零示法测量，零示法测量的实验电路如图 2-7 所示。

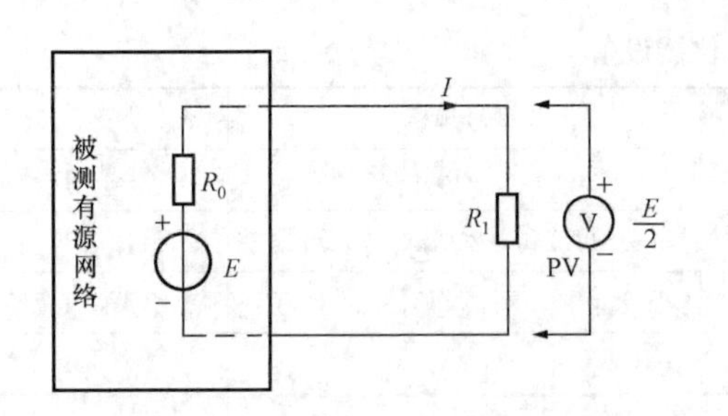

图 2-6 半电压法实验电路

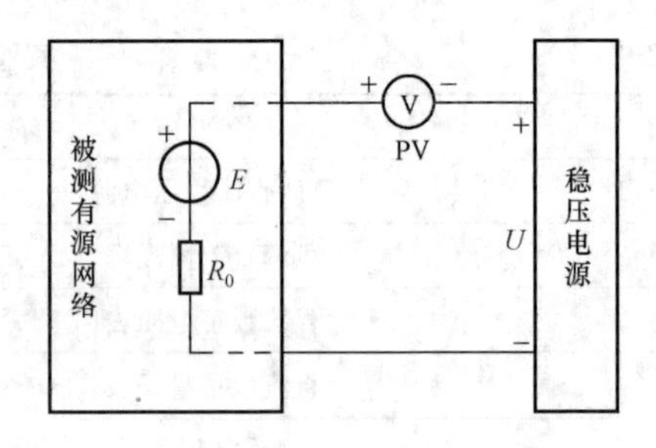

图 2-7 零示法实验电路

零示法测量原理是用一低内阻的稳压电源与被测有源二端网络进行比较，当稳压电源的输出电压与有源二端网络的开路电压相等时，电压表的读数将为“0”，然后将电路断开，测量此时稳压电源的输出电压，即为被测有源二端网络的开路电压。

五、实验内容与步骤

实验电路如图 2-8 所示，被测有源二端网络如图 2-8（a）所示。

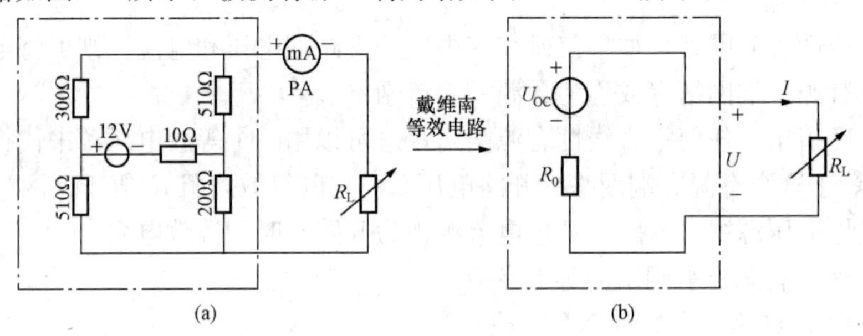

图 2-8 实验电路

（a）被测有源二端网络；（b）戴维南等效电路

（1）用开路电压、短路电流法测定戴维南等效电路的 U_{OC} 和 R_0。按图 2-8（a）电路接入稳压电源 E_S 和恒流源 I_S 及可变电阻箱 R_L，测定 U_{OC} 和 R_0，将数据记录在表 2-10 数据记录表中。

表 2-10 数据记录表

U_{OC}（V）	I_{SC}（mA）	$R_0=U_{OC}/I_{SC}$（Ω）

（2）负载实验。按图 2-8（a）改变 R_L 阻值，测量有源二端网络的外特性，将数据记录在表 2-11 数据记录表中。

表 2-11 数据记录表

R_L（Ω）	0	∞
U（V）		
I（mA）		

（3）验证戴维南定理。用一只 1kΩ 的电位器，将其阻值调整到等于按实验步骤（1）所得的等效电阻 R_0 之值，然后令其与直流稳压电源［调到实验步骤（1）时所测得的开路电压

U_{OC}之值］相串联，如图 2-8（b）所示，仿照实验步骤（2）测其外特性，对戴维南定理进行验证，将数据记录在表 2-12 数据记录表中。

表 2-12 数据记录表

R_L（Ω）	0	∞
U（V）		
I（mA）		

（4）测定有源二端网络等效电阻（又称入端电阻）的其他方法：将被测有源网络内的所有独立源置零（将电流源 I_S断开；去掉电压源，并在原电压端所接的两点用一根短路导线相连），然后用伏安法或者直接用万用表的欧姆挡去测定负载 R_L开路后输出端两点间的电阻，此即为被测网络的等效内阻 R_0或称网络的入端电阻 R_i。

（5）用半电压法和零示法测量被测网络的等效内阻 R_0及其开路电压 U_{OC}，线路及数据表格自拟。

六、实验思考题

（1）在求戴维南等效电路时，做短路实验，测 I_{SC}的条件是什么？在本实验中可否直接做负载短路实验？请实验前对线路图 2-8(a)预先做好计算，以便调整实验线路及测量时可准确地选取电能表的量程。

（2）说明测有源二端网络开路电压及等效内阻的几种方法，并比较其优缺点。

实验四 RC 一阶电路的暂态过程（验证性）

一、实验目的

（1）测定 RC 一阶电路的零输入响应、零状态响应及完全响应。

（2）学习电路时间常数的测定方法。

（3）掌握有关微分电路和积分电路的概念。

（4）进一步学会用示波器测绘图形。

二、实验设备

RC 一阶电路的暂态过程实验所需仪器设备见表 2-13。

表 2-13 实验仪器设备

序号	名 称	型号规格	数 量
1	函数信号发生器		1
2	双踪示波器	V-252，20MHz	1

三、预习要求

（1）复习零输入响应、零状态响应及完全响应的概念。

（2）了解双踪示波器的工作原理。

（3）利用仿真软件仿真本实验的实验内容。

四、实验原理

（1）动态网络的过渡过程是十分短暂的单次变化过程，对时间常数 τ 较大的电路，可用慢扫描长余辉示波器观察光点移动的轨迹。然而能用一般的双踪示波器观察过渡过程和测量有关的参数，必须使这种单次变化的过程重复出现。为此，利用信号发生器输出的方波来模拟阶跃激励信号，即令方波输出的上升沿作为零状态响应的正阶跃激励信号；方波下降沿作为零输入响应的负阶跃激励信号，只要选择方波的重复周期远大于电路的时间常数 τ，电路在这样的方波序列脉冲信号的激励下，它的影响和直流电源接通与断开的过渡过程是基本相同的。

（2）RC 一阶电路的零输入响应和零状态响应分别按指数规律衰减和增长，其变化的快慢决定于电路的时间常数 τ，RC 一阶电路的测量如图 2-9 所示。

（3）时间常数 τ 的测定方法。如图 2-9（b）所示电路，用示波器测得零输入响应的波形如图 2-9（a）所示。

根据一阶微分方程的求解得知：$u_C = Ee^{-t/RC} = Ee^{-t/\tau}$。当 $t=\tau$ 时，$U_C(\tau)=0.368E$，此时所对应的时间就等于 τ，亦可用零状态响应波形增长到 $0.632E$ 所对应的时间测得，如图 2-9（c）所示。

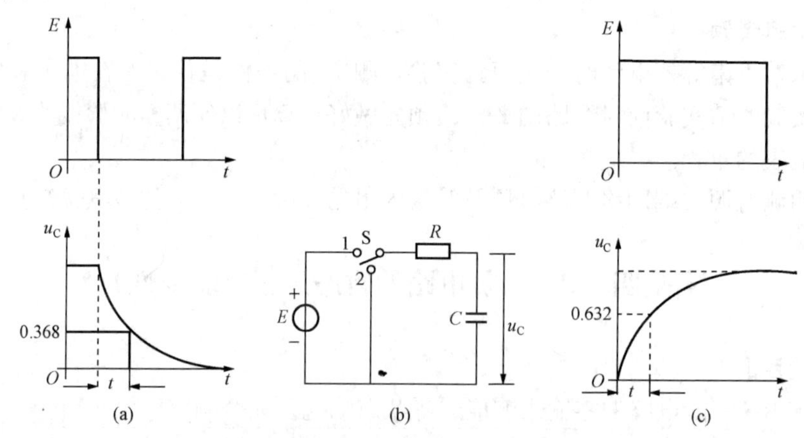

图 2-9 RC 一阶电路的测量

（a）零输入响应；（b）RC 一阶电路；（c）零状态响应

（4）微分电路和积分电路是 RC 一阶电路中较典型的电路，它对电路元件参数和输入信号的周期有着特定的要求。一个简单的 RC 串联电路，在方波序列脉冲的重复激励下，当满足 $\tau=RC\ll\frac{T}{2}$（T 为方波脉冲的重复周期），且由 R 端作为响应输出时，即构成了一个微分电路，如图 2-10（a）所示。此时电路的输出信号电压与输入信号电压的微分成正比。

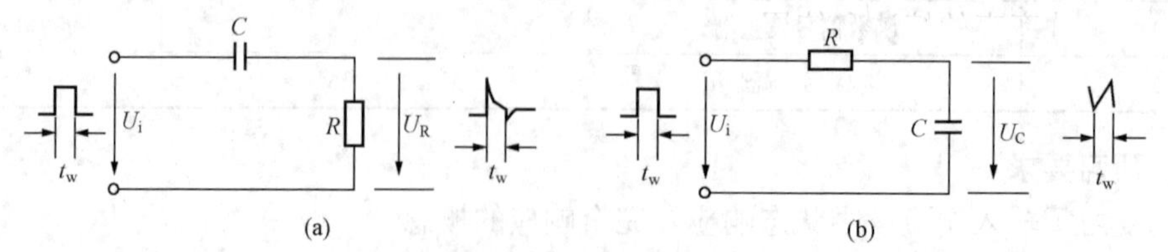

图 2-10 典型的一阶电路

（a）微分电路；（b）积分电路

若将图 2-10（a）中的 R 与 C 位置调换一下，即由 C 端作为响应输出，且当电路参数的

选择满足 $\tau=RC\gg\frac{T}{2}$ 条件时，即构成积分电路，如图 2-2（b）所示。此时电路的输出信号电压与输入信号电压的积分成正比。

从输出波形来看，上述两个电路均起着波形变换的作用，请在实验过程中仔细观察与记录。

五、实验内容与步骤

观察实验线路板的结构，认清 R、C 元件的布局及其标称值，各开关的通断位置等。

（1）选择动态线路板上 R、C 元件，令：

1）$R=10\text{k}\Omega$，$C=1000\text{pF}$，组成如图 2-9（b）所示的 RC 充放电电路。E 为函数信号发生器输出，取 $U_m=3\text{V}$、$f=1\text{kHz}$ 的方波电压信号，并通过两根同轴电缆线，将激励源 u 和响应 u_C 的信号分别连至示波器的两个输入口 Y_A 和 Y_B，这时可在示波器的屏幕上观察到激励与响应的变化规律，求出时间常数 τ，并描绘 u 及 u_C 波形。

少量改变电容值或电阻值，定性观察对响应的影响，记录观察到的现象。

2）$R=10\text{k}\Omega$，$C=3300\text{pF}$，观察并描绘响应波形，继续增大 C 之值，定性观察对响应的影响。

（2）选择动态板上 R、C 元件，组成如图 2-10（a）所示微分电路，令 $C=3300\text{pF}$，$R=30\text{k}\Omega$。在同样的方波激励信号（$U_m=3\text{V}$，$f=1\text{kHz}$）作用下，观测并描绘激励与响应的波形。增减 R 的值，定性观察对响应的影响，并作记录。当 R 增至 ∞ 时，观察输入、输出波形有何本质上的区别。

六、实验思考题

（1）什么样的电信号可作为 RC 一阶电路零输入响应、零状态响应和完全响应的激励信号？

（2）已知 RC 一阶电路 $R=10\text{k}\Omega$，$C=0.1\mu\text{F}$，试计算时间常数 τ，并根据 τ 值的物理意义，拟定测定 τ 的方案。

（3）何谓积分电路和微分电路，它们必须具备什么条件？在方波序列脉冲的激励下，其输出信号波形的变化规律如何？这两种电路有何功用？

实验五　交流电路等效参数的测量（验证性）

一、实验目的

（1）学会用交流电压表、交流电流表和功率表测量元件的交流等效参数的方法。

（2）学会功率表的接法和使用。

二、实验设备

交流电路等效参数的测量实验所需仪器设备见表 2-14。

表 2-14　　实验仪器设备

序　号	名　称	型号与规格	数　量
1	交流电压表		1
2	交流电流表		1

续表

序　号	名　称	型号与规格	数　量
3	功率表		1
4	自耦调压器		1
5	电感线圈	15W 日光灯配用	1
6	电容器	4.7μF，500V	1
7	白炽灯	15W，220V	3

三、预习要求

（1）复习交流电路相关理论。

（2）了解功率表的工作原理。

（3）利用仿真软件仿真本实验的实验内容。

四、实验原理

（1）正弦交流激励下的元件值或阻抗值，可以用交流电压表、交流电流表及功率表，分别测量出元件两端的电压 U，流过该元件的电流 I 和它所消耗的功率 P，然后通过计算得到所求的各值，这种方法称为三表法，是用以测量 50Hz 交流电路等效参数的基本方法。计算的基本公式如下：

阻抗的模 $$|Z|=\frac{U}{I}$$

电路的功率因数 $$\cos\varphi=\frac{P}{UI}$$

等效电阻 $$R=\frac{P}{I^2}=|Z|\cos\varphi$$

等效电抗 $$X=|Z|\sin\varphi \text{ 或 } X=X_L=2\pi fL \text{ 或 } X=X_C=\frac{1}{2\pi Cf}$$

（2）阻抗性质的判别方法。通过在被测元件两端并联电容或串联电容的方法加以判别，方法与原理如下：

1）在被测元件两端并联一只适当容量的试验电容，若串接在电路中电流表的读数增大，则被测阻抗为容性，电流减小则为感性。

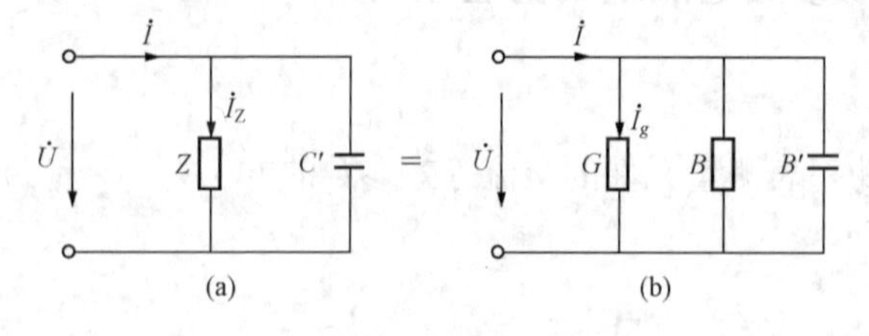

图 2-11　并联电容测量法

（a）并联电容测量电路；（b）等效电路

并联电容测量法如图 2-11 所示。图 2-11(a) 中，Z 为待测定的元件，C' 为试验电容。图 2-11（b）是对应的等效电路，其中 G、B 为待测阻抗 Z 的电导和电纳，B' 为并联电容 C' 的电纳。在端电压有效值不变的条件下，按下面两种情况进行分析：①$B+B'=B''$，若 B' 增大，B'' 也增大，则电路中电流 I 将单调地上升，故可判断 B 为容性元件；②$B+B'=B''$，若 B' 增大，而 B'' 先减小而后再增大，电流 I 也是先减小后上升，关系曲线如图 2-12 所示，则可判断 B 为感性元件。

由上述分析可见，当 B 为容性元件时，对并联电容 C' 的值无特殊要求；而当 B 为感性

元件时，$B'<|2B|$才有判定为感性的意义。$B'>|2B|$时，电流单调上升，与B为容性时相同，并不能说明电路是感性的。因此，$B'<|2B|$是判断电路性质的可靠条件，由此得判定条件为

$$C'<\left|\frac{2B}{\omega}\right|$$

2）与被测元件串联一个适当容量的试验电容，若被测阻抗的端电压下降，则判为容性，端电压上升则判为感性，判定条件为

$$\frac{1}{\omega C'}<|2X|$$

式中：X为被测阻抗的电抗值；C'为串联试验电容值。此关系式可自行证明。

判断待测元件的性质，除上述借助于试验电容C'的测定法外，还可以利用该元件电流、电压间的相位关系，若I超前于U，则为容性；若I滞后于U，则为感性。

（3）功率表的结构、接线与使用。功率表（又称为瓦特表）是一种动圈式仪表，其电流线圈与负载串联（两个电流线圈可串联或并联，因而可得两个电流量限），电压线圈与负载并联，电压线圈可以与电源并联使用，也可与负载并联使用，此即为并联电压线圈的前接法与后接法之分，后接法测量会使读数产生较大的误差，这是因为并联电压线圈所消耗的功率也计入了功率表的读数之中。图2-13是功率表并联电压线圈前接法的外部连接线路。

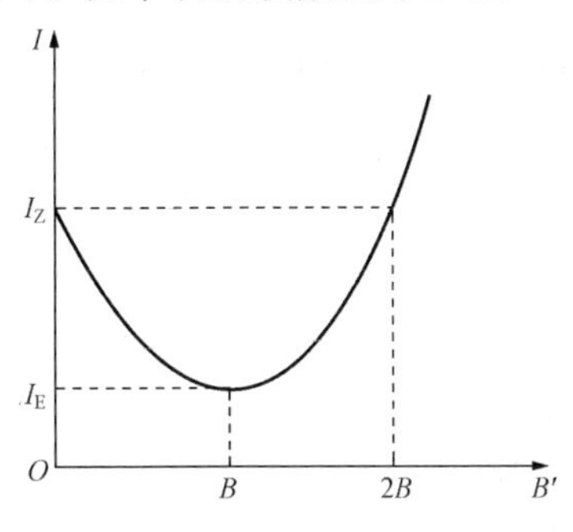

图2-12　I-B'关系曲线

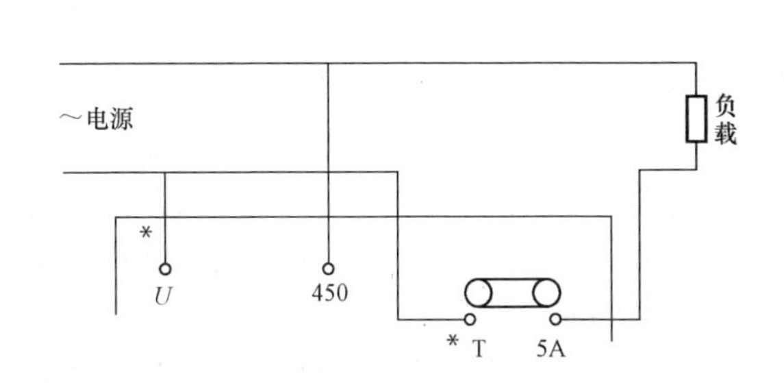

图2-13　功率表接线图

五、实验内容与步骤

测量电路如图2-14所示。

（1）按图2-14接线，并经指导教师检查后，方可接通电源。

（2）分别测量15W白炽灯（R），15W荧光灯镇流器（L）和4.7μF电容器（C）的等效参数。

（3）测量L、C串联与并联后的等效参数。

（4）用并联试验电容的方法来判别L、C串联和并联后阻抗的性质。

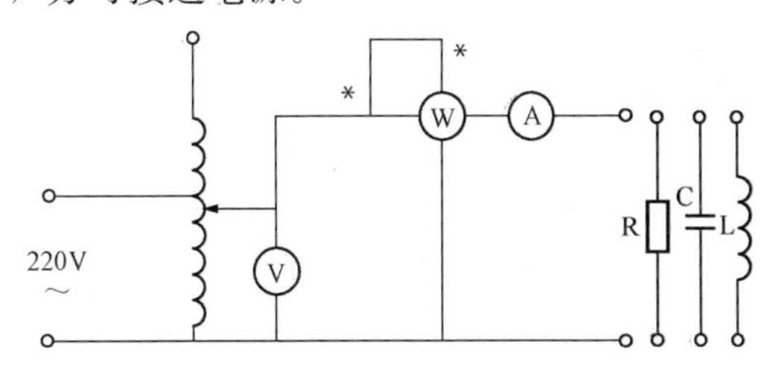

图2-14　测量电路

（5）观察并测定功率表并联电压线圈前接法与后接法对测量结果的影响。

（6）将实验数据记录在表2-15的数据记录表中。

表 2-15 数据记录表

被测阻抗	测量值			计算值			电路等效参数		
	U(V)	I(A)	P(W)	$\cos\varphi$	$Z(\Omega)$	$\cos\varphi$	$R(\Omega)$	L(mH)	$C(\mu F)$
15W 白炽灯（R）									
电感线圈（L）									
电容器（C）									
L 与 C 串联									
L 与 C 关联									

六、实验思考题

（1）在 50Hz 的交流电路中，测得一只铁心线圈的 P、I 和 U，如何计算其阻值及电感量？

（2）如何用串联电容的方法来判别阻抗的性质？试用 I 随 X'（串联容抗）的变化关系作定性分析，证明串联试验时，C'满足$\frac{1}{\omega C'}<|2X|$。

实验六　R、L、C 元件及交流参数的测量（验证性）

一、实验目的

（1）掌握 R、L、C 元件参数的测量方法。

（2）掌握 R、L、C 元件的频率特性的测试方法。

（3）掌握交流参数的测定方法，识别负载的性质。

二、实验设备

R、L、C 元件及交流参数的测量实验所需仪器设备见表 2-16。

表 2-16 实验仪器设备

序号	名　称	型号规格	数　量
1	电工实验装置		1
2	配置实验箱	THA JD2（JD3 或 JD4）	1
3	智能功率表		1
4	交流电压、电流表		1
5	函数信号发生器		1
6	双踪示波器		1
7	交流毫伏表		1

三、预习要求

（1）复习交流电路相关理论。

（2）利用仿真软件仿真本实验的实验内容。

四、实验原理

1. 正弦信号激励下，R、L、C 元件的伏安特性与频率特性

（1）伏安特性。计算的基本公式为

电阻元件 $\dfrac{U}{I}=Z=R$

电感元件 $\dfrac{U}{I}=Z=\mathrm{j}X_{\mathrm{L}}I，X_{\mathrm{L}}=2\pi fL$

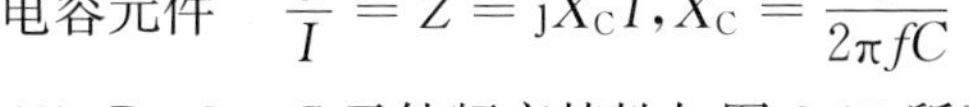

电容元件 $\dfrac{U}{I}=Z=\mathrm{j}X_{\mathrm{C}}I,X_{\mathrm{C}}=\dfrac{1}{2\pi fC}$

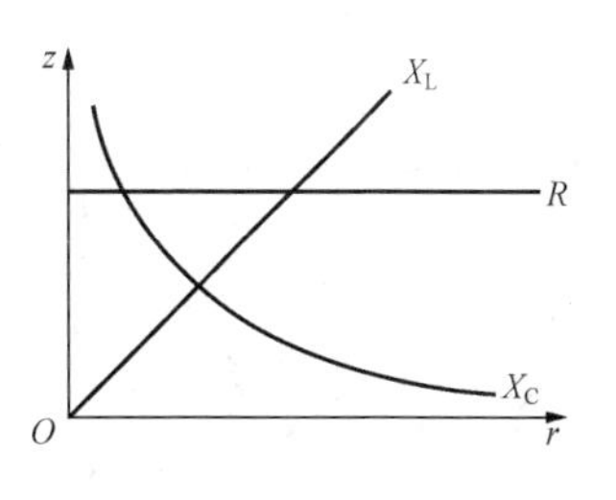

图 2-15 R、L、C 元件频率特性

（2）R、L、C 元件频率特性如图 2-15 所示。

2. 用三表法判别一个无源二端网络的交流等效参数

测试原理图如图 2-16 所示，黑匣子中装有 R、L、C 三种无源元件，通过面板上六个手动开关的设置，可组合成 8 种不同的连接线路，通过测量无源网络 N0 端口的电压、电流和功率，即可求得网络的等效参数，并判定负载的性质。

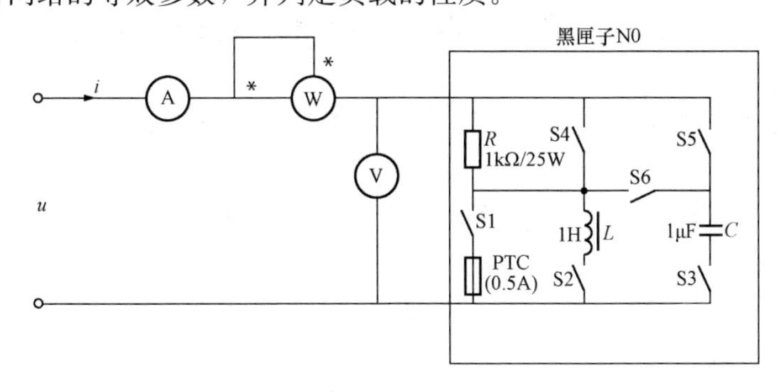

图 2-16 测试原理图

计算的基本公式为

$$\frac{U}{I}=Z=\sqrt{R^2+X^2} \tag{1}$$

$$P=I^2R \tag{2}$$

$$R=\frac{P}{I^2} \tag{3}$$

$$X_{\mathrm{L}}=2\pi fL \text{ 或 } X_{\mathrm{C}}=\frac{1}{2\pi Cf} \tag{4}$$

测得功率 P 和电流 I，就可计算得到网络的等效电阻 R，根据测量的电压、电流，可计算得到阻抗 Z，再根据式（1），可计算电抗 X。

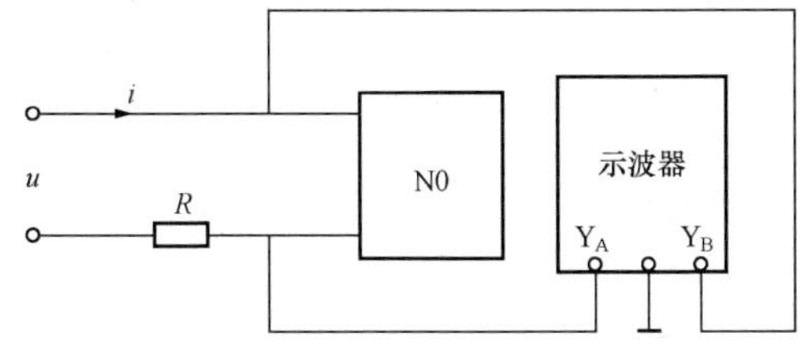

图 2-17 观测 u、i 的相位关系线路图

为了进一步确认 N0 是容性还是感性，需要用双踪示波器观测 u、i 的相位关系。若 u 超前 i，则为感性，反之为容性。观测 u、i 的相位关系线路如图 2-17 所示。因电阻上的电压与电流同相，故取 R 上的电压就相当于取得电流的信号。

根据实验所用的频率 f 及测得的 X_L或 X_C，即可求得无源网络的具体等效参数 R、L 或 C 之值。

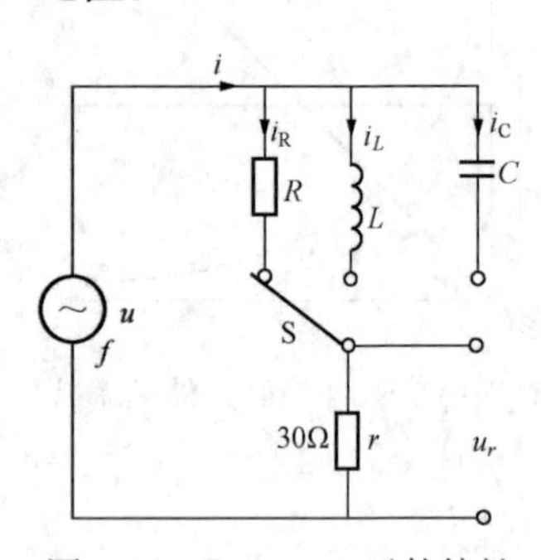

图 2-18 R、L、C 元件特性测试线路图

五、实验内容与步骤

1. 测绘 R、L、C 元件的幅频特性

测试线路如图 2-18 所示。

（1）输入信号接函数发生器的正弦信号输出，信号电压取 5V，并保持不变。

（2）使信号发生器的输出频率从 200Hz 逐渐增至 5kHz，并使开关 S 分别接通 R、L、C 三个元件，用交流毫伏表测量 U_r 之值（相当于 $I=U_r/r$），记录之。

注意：在接通 C 测试时，信号发生器的频率应控制在 200～2500Hz。

做出 R、L、C 的频率特性曲线。

2. 三表法测定无源单口网络的交流参数

实验电源取外部接入 50Hz 三相交流电源中的一相，通过电源开关，使单相交流最大输出为 150V。

本实验单元黑匣子内部接线如图 2-16 所示，通过切换黑匣子内部的 6 只手动开关，可变换出 8 种不同的电路：

（1）S1 合（开关投向上方），其他断。

（2）S2、S4 合，其他断。

（3）S3、S5 合，其他断。

（4）S2 合，其他断。

（5）S4、S6 合，其他断。

（6）S2、S3、S6 合，其他断。

（7）S2、S3、S4、S5 合，其他断。

（8）所有开关合。

试列表测出以上 8 种电路的 U、I、P 与 $\cos\varphi$ 的值。

六、实验思考题

测 R、L、C 各元件频率特性时，为什么要与它们串联一个小电阻？可否用一个电感或大电容代替？为什么？

实验七 变压器特性的测试（验证性）

一、实验目的

（1）通过测量，计算变压器的各项参数。

（2）学会测绘变压器的空载特性与外特性。

二、实验设备

变压器特性的测试实验所需仪器设备见表 2-17。

表 2-17 **实验仪器设备**

序号	名 称	型号规格	数 量
1	交流电压表		2
2	交流电流表		2
3	单相功率表		1
4	试验变压器	220V/36V，50V·A	1
5	白炽灯	220V，15W	6

三、预习要求

（1）复习变压器各项特性。

（2）了解电工仪表的工作原理。

（3）利用仿真软件仿真本实验的实验内容。

四、实验原理

（1）图 2-19 所示为变压器参数测试电路，由各仪表读得变压器一次侧（AX 设为低压侧）的 U_1、I_1、P_1 及二次侧（ax 设为高压侧）的 U_2、I_2，并用万用表 $R\times1$ 挡测星一、二次绕组的电阻 R_1 和 R_2，即可计算得到变压器的各项参数值。

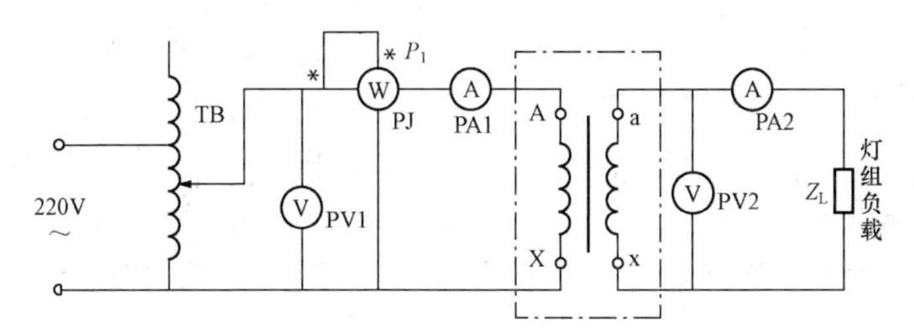

图 2-19 变压器参数测试电路

计算的基本公式如下：

电压比 $$K_U=\frac{U_1}{U_2}$$

电流比 $$K_I=\frac{I_2}{I_1}$$

一次侧阻抗 $$Z_1=\frac{U_1}{I_2}$$

二次侧阻抗 $$Z_2=\frac{U_2}{I_2}$$

阻抗比 $$Z_R=\frac{Z_1}{Z_2}$$

负载功率

$$P_2=U_2I_2\cos\varphi_2$$

损耗功率

$$P_0=P_1-P_2$$

功率因数

$$\cos\varphi=\frac{P_1}{U_1I_1}$$

一次线圈铜耗 $$P_{CU1}=I_1^2R_1$$

二次线圈铜耗和铁耗 $$P_{CU2}=I_2^2R_2,\ P_{Fe}=P_0-(P_{CU1}+P_{CU2})$$

（2）铁心变压器是一个非线性元件，铁心中的磁感应强度 B 决定于外加电压的有效值 U，当二次侧开路（即空载）时，一次侧的励磁电流 I_{10} 与磁场强度 H 成正比。在变压器中，二次侧空载时，一次电压与电流的关系称为变压器的空载特性，这与铁心的磁化曲线（B-

H 曲线）是一致的。

空载实验通常是将高压侧开路，由低压侧通电进行测量，又因空载时功率因数很低，测量功率时应采用低功率因数瓦特表，此外因变压器空载时阻抗很大，故电压表应接在电流表外侧。

（3）变压器外特性测试。为了满足实验台上三组灯组负载额定电压为220V的要求，以变压器的低压（36V）绕组作为变压器一次侧，高压（220V）绕组作为二次侧，即当作一台升压变压器使用。

保持一次电压U_1(36V)不变，逐次增加灯组负载（每只灯泡为15W），测定U_1、U_2、I_2和I_1，即可绘出变压器的外特性，即负载特性曲线$U_2 = f(I_2)$。

五、实验内容与步骤

（1）用交流法判别变压器绕组极性的测试电路如图2-20所示。

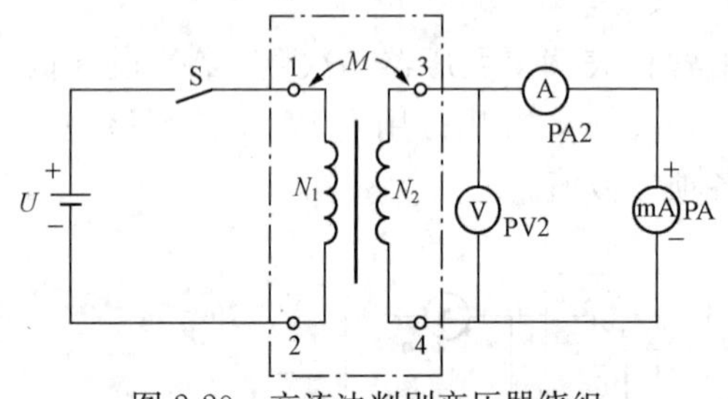

图2-20　交流法判别变压器绕组极性的测试电路

将两个绕组N_1和N_2的任意两端（如2、4端）连在一起，在其中的一个绕组（如N_1）两端加一个低电压，另一绕组（如N_2）开路，用交流电压表分别测出端电压U_{13}、U_{12}和U_{34}。若U_{13}是两个绕组端电压之差，则1、3是同名端；若U_{13}是两绕组端电压之和，则1、4是同名端。

（2）按图2-19线路接线（AX为低压绕组，ax为高压绕组），即电源经电流表PA1接至低压绕组，高压绕组接220V、15W的灯组负载（用2只灯泡并联获得），经指导教师检查后方可进行实验。

（3）将外部引入电源调至最小位置，然后合上电源开关，然后调节外部电源，使其引入电压等于变压器低压侧的额定电压36V，分别测试负载开路及逐次增加负载至额定值，记下五个仪表的读数，记入自拟的数据表格，绘制变压器外特性曲线，实验完毕，将外部电源调至最小，并断开开关S1。

（4）将高压线圈（二次侧）开路，确认外部电流到零位后，合上电源调节外部电源引入电压，使U_1从零逐渐上升到1.2倍的额定电压（1.2×36V），分别记下各次测得的U_1、U_{20}和I_{10}，记入自拟的数据表格，绘制变压器的空载特性曲线。

六、实验思考题

（1）为什么本实验将低压绕组作为一次侧进行通电实验？此时，在实验过程中应注意什么问题？

（2）为什么变压器的励磁参数一定是在空载实验加额定电压的情况下求出？

实验八　RC选频网络特性测试（综合性）

一、实验目的

（1）熟悉文氏电桥电路的结构特点及其应用。

（2）学会用交流毫伏表和示波器测定文氏电桥电路的幅频特性和相频特性。

二、实验设备

RC选频网络特性测试实验所需仪器设备见表2-18。

表 2-18 实验仪器设备

序号	名 称	型号规格	数 量
1	函数信号发生器		1
2	交流毫伏表		1
3	双踪示波器	V-252，20MHz	1

三、预习要求

（1）复习文氏电桥电路的结构特点。

（2）了解交流毫伏表的工作原理。

四、实验原理

文氏电桥电路是一个 RC 串并联电路，如图 2-21 所示，该电路结构简单，被广泛用于低频振荡电路中作为选频环节，可以获得很高纯度的正弦波电压。

（1）用函数信号发生器的正弦输出信号作为图 2-21 电路的激励信号 U_i，在保持 U_i值不变的情况下，改变输入信号的频率 f，用交流毫伏表或示波器测出输出端相应于各个频率点下的输出电压 U_o，并将这些数据画在以频率 f 为横轴、U_o为纵轴的坐标纸上，并将这些点用一条光滑的曲线连接，该曲线就是上述电路的幅频特性曲线。

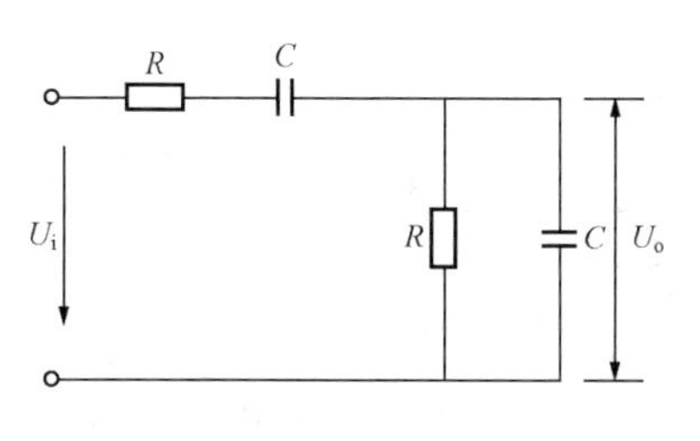

图 2-21 RC 串并联电路

文氏桥路的一个特点是其输出电压幅值不仅会随输入信号的频率改变，而且还会出现一个与输入电压同相位的最大值，幅频特性曲线如图 2-22 所示。

由电路分析得知，该网络的传递函数为

$$\beta = \frac{1}{3 + \mathrm{j}(\omega RC - 1/\omega RC)}$$

当角频率 $\omega = \omega_0 = \dfrac{1}{RC}$，即 $f = f_0 = \dfrac{1}{2\pi RC}$ 时，$|\beta| = \dfrac{U_o}{U_i} = \dfrac{1}{3}$，且此时 U_o与 U_i同相位。其中，f_0称为电路固有频率。

由图 2-22 可见，RC 串并联电路具有带通特性。

（2）将上述电路的输入和输出分别接到双踪示波器的 Y_A和 Y_B两个输入端，改变输入正弦信号的频率，观测相应的输入和输出波形间的时延 τ 及信号的周期 T，则两波形间的相位差为：$\varphi = \dfrac{\tau}{T} \times 360° = \varphi_o - \varphi_i$，即输出相位与输入相位之差。

测出各不同频率下的相位差 φ，即可绘出被测电路的相频特性曲线，如图 2-23 所示。

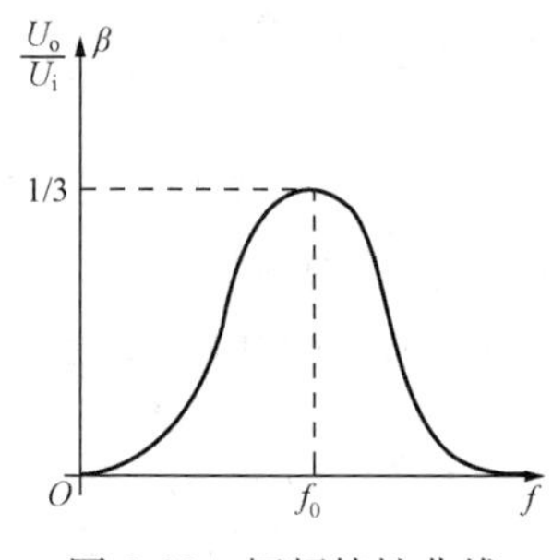

图 2-22 幅频特性曲线

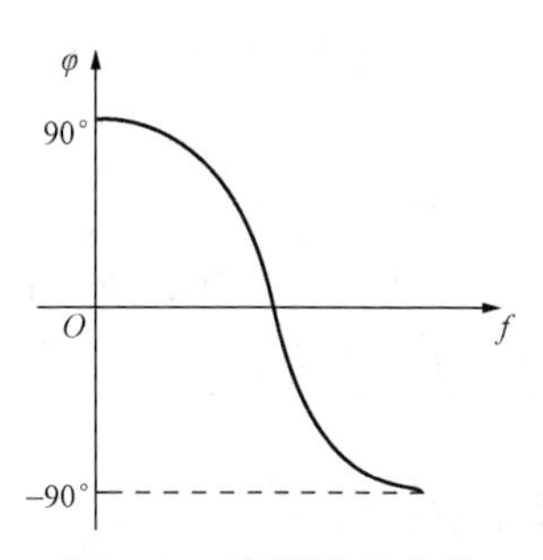

图 2-23 相频特性曲线

五、实验内容与步骤

1. 测量 RC 串并联电路的幅频特性

（1）在实验板上按图 2-21 电路选取一组参数，如 $R=1\text{k}\Omega$，$C=0.1\mu\text{F}$。

（2）调节信号源输出电压为 3V 的正弦信号，接入图 2-21 所示电路的输入端。

（3）改变信号源的频率 f（由频率计读得），并保持 $U_i=3\text{V}$ 不变，测量输出电压 U_o，（可先测量 $\beta=\frac{1}{3}$ 时的频率 f_0，然后再在 f_0 附近设置其他频率点测量 U_o）。

（4）另选一组参数（如令 $R=200\Omega$，$C=2\mu\text{F}$），重复上述步骤测量一组数据，将数据记录于表 2-19。

表 2-19　　数据记录表

f（Hz）	
U_o（V）	
$R=1\text{k}\Omega$，$C=0.1\mu\text{F}$	
U_o（V）	
$R=200\Omega$，$C=2\mu\text{F}$	

2. 测量 RC 串并联电路的相频特性

按实验原理(2)的内容、方法步骤进行实验，选定两组电路参数进行测量，将数据记录于表 2-20。

表 2-20　　数据记录表

f（Hz）	
T（ms）	
τ（ms）	
φ	
$R=1\text{k}\Omega$，$C=0.1\mu\text{F}$	
τ（ms）	
φ	
$R=200\Omega$，$C=2\mu\text{F}$	

六、实验思考题

（1）根据电路参数，估算电路两组参数时的固有频率 f_0。

（2）推导 RC 串并联电路的幅频、相频特性的数学表达式。

实验九　R、L、C 串联谐振电路的研究（综合性）

一、实验目的

（1）学习用实验方法测试 R、L、C 串联谐振电路的幅频特性曲线。

（2）加深理解电路发生谐振的条件、特点，掌握电路品质因数的物理意义及其测定方法。

二、实验仪器设备

R、L、C 串联谐振电路实验所需仪器设备见表 2-21。

表 2-21 实验仪器设备

序号	名 称	型号规格	数 量
1	函数信号发生器		1
2	交流毫伏表		1
3	双踪示波器	V-252，20MHz	1
4	频率计		1

三、预习要求

(1) 复习 R、L、C 串联谐振电路的特性。

(2) 了解函数信号发生器、频率计的工作原理。

四、实验原理

(1) 图 2-24 所示 R、L、C 串联电路中，当正弦交流信号源的频率 f 改变时，电路中的感抗、容抗随之改变，电路中的电流也随 f 而变。取电路电流 I 作为响应，当输入电压 U_i 维持不变时，在不同信号频率的激励下，测出电阻 R 两端电压 U_o 之值，则 $I=\frac{U_o}{R}$，然后以 f 为横坐标，以 I 为纵坐标，绘出光滑的曲线，此即为幅频特性，亦称电流谐振曲线，如图 2-25 所示。

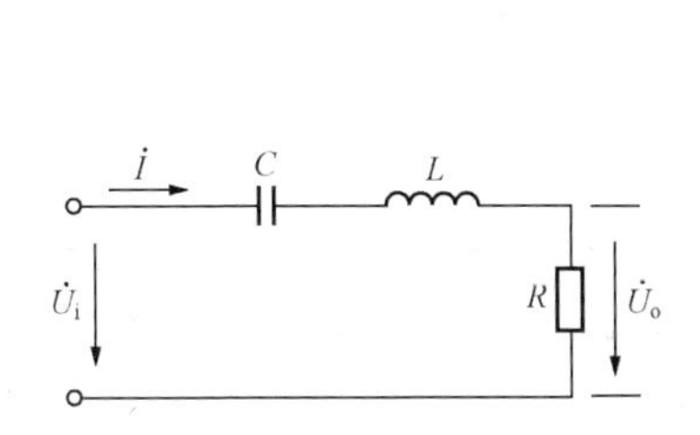

图 2-24 R、L、C 串联电路

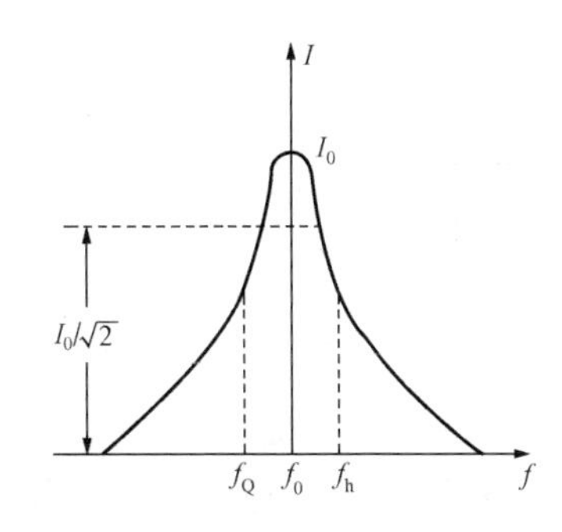

图 2-25 电流谐振曲线

(2) 幅频特性曲线尖峰所在的频率点，即 $f=f_0=\frac{1}{2\pi\sqrt{LC}}(X_L=X_C)$ 处，称为谐振频率，此时电路呈纯阻性，电路阻抗的模最小，在输入电压 U_i 为定值时，电路中的电流 I_0 达到最大值，且与输入电压 U_i 同相位，从理论上讲，此时 $U_i=U_{R0}=U_0$，$U_{L0}=U_{C0}=QU_i$，其中 Q 称为电路的品质因数。

(3) 电路的品质因数 Q 有两种测量方法。一种方法是根据公式

$$Q=\frac{Q_{L0}}{U_i}=\frac{U_{C0}}{U_i}$$

测定，其中 U_{C0} 与 U_{L0} 分别为谐振时电容器 C 和电感线圈 L 上的电压；另一方法是通过测量谐振曲线的通频带宽度，即

$$\Delta f=f_h-f_L$$

再根据

$$Q=\frac{f_0}{f_h-f_L}$$

求出Q值，其中，f_h和f_L是失谐时，幅度下降到最大值的$\frac{1}{\sqrt{2}}$（=0.707）倍时的上、下频率点。

Q值越大，曲线越尖锐，通频带越窄，电路的选择性越好，在恒压源供电时，电路的品质因数、选择性与通频带只决定于电路本身的参数，而与信号源无关。

五、实验内容与步骤

(1) 实验按图2-26电路接线，取C=2200pF，R=510Ω，调节信号源正弦信号输出电压为1V，并在整个实验过程中保持不变。

(2) 找出电路的谐振频率f_0。其方法是：将交流毫伏表跨接在电阻R两端，令信号源的频率由小逐渐变大（注意要维持信号源的输出幅度不变），当U_0的读数为最大时，读得频率计上的频率值即为电路的谐振频率f_0，测量U_0、U_{L0}、U_{C0}之值（注意及时更换毫伏表的量限），记入数据记录表2-22中。

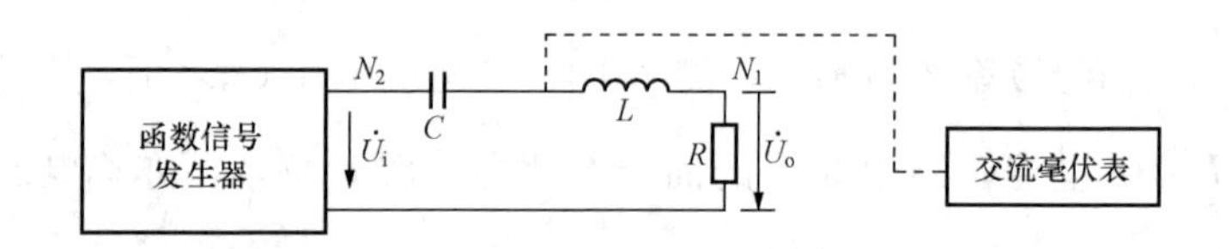

图2-26　实验电路

表2-22　　数据记录表

R (kΩ)	f_0 (kHz)	U_{R0} (V)	U_{L0} (V)	U_{C0} (V)	I_0 (mA)	Q
0.5						
1.5						

(3) 在谐振点两侧，应先测出下限频率f_L和上限频率f_h及相对应的U_R值，然后再逐点测出不同频率下的U_R值，记入2-23的数据记录表2-23中。

表2-23　　数据记录表

R (kΩ)		f_0
0.51	f (kHz)	
	U_R (V)	
	I (mA)	
1.5	f (kHz)	
	U_R (V)	
	I (mA)	

(4) 取C=6800pF，R=2.2kΩ，重复步骤(2)、(3)的测量过程。

六、实验思考题

(1) 根据实验电路板给出的元件参数值，估算电路的谐振频率。

(2) 改变电路的哪些参数可以使电路发生谐振？电路中R的数值是否影响谐振频率值？

(3) 如何判别电路是否发生谐振？测试谐振点的方案有哪些？

(4) 电路发生串联谐振时，为什么输入电压不能太大？如果信号源给出的电压为1V，电路谐振时，用交流毫伏表测U_L和U_C，应该选择多大的量限？

（5）要提高RLC串联电路的品质因数，电路参数应如何改变？

（6）谐振时，比较输出电压U_o与输入电压U_i是否相等？试分析原因。

（7）谐振时，对应的U_{C0}与U_{L0}是否相等？如有差异，原因何在？

实验十 三相交流电路的测量（综合性）

一、实验目的

（1）掌握三相负载作星形连接、三角形连接的方法，验证这两种接法下线、相电压与线、相电流之间的关系。

（2）充分理解三相四线制供电系统中中性线的作用。

二、实验仪器设备

三相交流电路的测量实验所需仪器设备见表2-24。

表2-24 实验仪器设备

序号	名　称	型号规格	数　量
1	交流电压表		1
2	交流电流表		1
3	万用表		1
4	三相自耦调压器		1
5	三相灯组负载	220V、15W白炽灯	6
6	电门插座		3

三、预习要求

（1）明确三相交流电路相电压、线电压与相电流、线电流的关系。

（2）了解中性线的作用。

（3）自行绘制三相星形连接、三角形连接的实验原理图。

四、实验原理

（1）三相负载可接成星形（Y）或三角形（△），当三相对称负载作Y形连接，线电压U_1是相电压U_P的$\sqrt{3}$倍；线电流I_1等于相电流I_P，即

$$U_1=\sqrt{3}U_P, I_1=I_P$$

当采用三相四线制接法时，流过中性线的电流$I_0=0$，所以可以省去中性线。

当对称三相负载作△形连接时，线电流Z_1是相电流I_P的$\sqrt{3}$倍；线电压U_1等于相电压U_P，即

$$I_1=\sqrt{3}I_P, U_1=U_P$$

（2）三相不对称负载作Y形连接时，必须采用三相四线制接法，即YN接法。而且中性线必须牢固连接，以保证三相不对称负载的每相电压维持对称状态。

倘若中性线开断，会导致三相负载电压的不对称，致使负载轻的那一相的相电压过高，使负载遭受损坏；负载重的一相相电压又过低，使负载不能正常工作。尤其是对于三相照明负载，无条件地一律采用 YN 接法。

(3) 不对称负载作△形连接时，$I_1 \neq \sqrt{3} I_P$，只要电源的线电压 U_1 对称，加在三相负载上的电压仍为对称，对各相负载工作没有影响。

五、实验内容与步骤

(1) 三相负载星形连接（三相四线制供电）。按图 2-27 线路组接实验电路，即三相灯组负载经三刀双掷开关接通三相对称电源，并将上部引入电源电压调至 0V 输入，经指导教师检查合格后，方可合上三相电源开关 S1，然后调节调压器的输出，使输出的三相线电压为 220V，并按以下步骤完成各项实验，分别测量三相负载的线电压、相电压、线电流、相电流、中性线电流及电源与负载中点间的电压，将所得数据填记入数据记录表 2-25 中，并观察各相灯组明暗的变化程度，特别要注意观察中性线的作用。

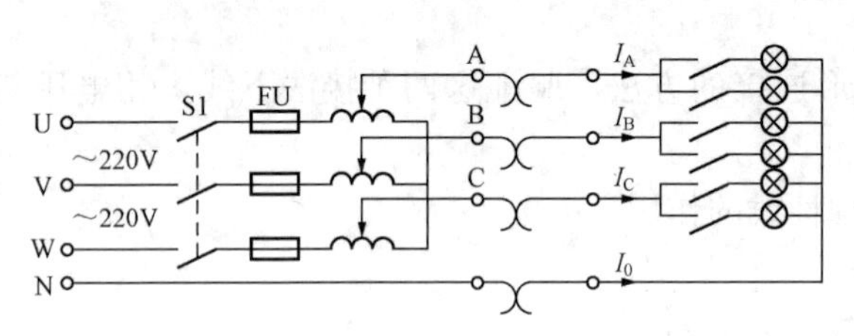

图 2-27　三相负载星形连接测试电路

表 2-25　　**数据记录表**

测量数据 实验内容 （负载情况）	开灯盏数			线电流			线电压			相电压			中性电流 I_0（A）	中点电压 U_{N0}（V）
	A 相	B 相	C 相	I_A	I_B	I_C	U_{AB}	U_{BC}	U_{CA}	U_{A0}	U_{B0}	U_{C0}		
YN 接平衡负载	2	2	2											
Y 接平衡负载	2	2	2											
YN 接不平衡负载	1	2	2											
Y 接不平衡负载	1	2	2											
YN 接 B 相断开	1		2											
Y 接 B 相断开	1		2											
Y 接 B 相短路	1		2											

(2) 负载三角形连接（三相三线制供电）。按图 2-28 改接线路，经指导教师检查合格后接通三相电源，并调节调压器，使其输出线电压为 220V，按数据测量表 2-26 的内容进行测试，将测量结果记录在表中。

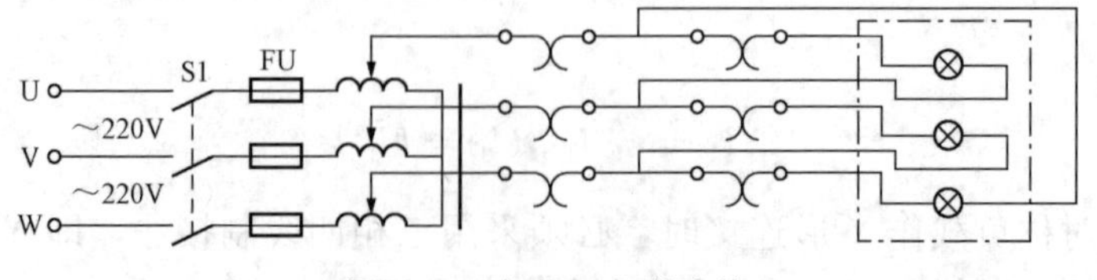

图 2-28　负载三角形连接

表 2-26 数据测量表

测量数据 负载情况	开灯盏数			线电压=相电压(V)			线电流(A)			相电流(A)		
	A—B 相	B—C 相	C—A 相	U_{AB}	U_{BC}	U_{CA}	I_A	I_B	I_C	I_{AB}	I_{BC}	I_{CA}
三相平衡	2	2	2									
三相不平衡	1	2	2									

六、实验思考题

（1）试分析三相星形连接不对称负载在无中性线情况下，当某相负载开路或短路时会出现什么情况？如果接上中性线，情况又将如何？

（2）不对称三角形连接的负载能否正常工作？实验是否能证明这一点？

第三章 模拟电子技术实验

实验一 晶体管共射极单管放大器（验证性）

一、实验目的

（1）了解共射基本放大电路的工作原理。

（2）学会调试静态工作点的方法。

（3）掌握电压放大倍数、输入电阻、输出电阻的测试方法。

二、实验仪器设备

晶体管共射极单管放大器实验所需仪器设备见表 3-1。

表 3-1 实验仪器设备

序号	名　称	型号规格	数　量
1	模拟电路实验箱	THM-3	1
2	函数信号发生器	TFG6930A	1
3	双踪示波器	V-252，20MHz	1
4	交流毫伏表	DF2170C	1
5	数字万用表	VC9801A＋	1

三、预习要求

（1）复习教材中单管放大电路部分内容，估算实验电路的性能指标。假设电路中晶体管 3DG6 的 $\beta=100$，$r_{bb'}\approx300\Omega$，$R_{B1}=20k\Omega$，$R_{B2}=60k\Omega$，$R_C=2.4k\Omega$，$R_L=2.4k\Omega$，估算放大电路的静态工作点、电压放大倍数 A_u、输入电阻 R_i和输出电阻 R_o。

（2）利用仿真软件仿真本实验的实验内容。

（3）如何正确测量 R_{B2}的阻值？

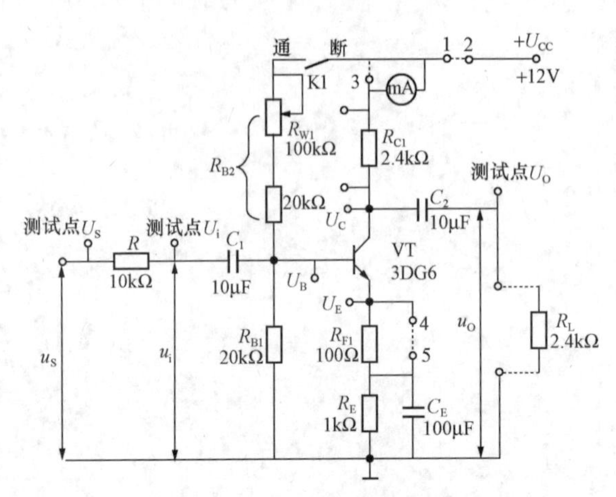

图 3-1 电阻分压式共射极单管放大器实验电路图

四、实验原理

图 3-1 为电阻分压式共射极单管放大器实验电路图。它的偏置电路由分压电阻 R_{B1}和 R_{B2}组成，在发射极中接有电阻 R_E，以稳定放大器的静态工作点。当在放大器的输入端加入输入信号 u_i后，在放大器的输出端便可得到一个与 u_i相位相反、幅值被放大了的输出信号 u_o，从而实现了电压放大。

在图 3-1 电路中，当流过偏置电阻 R_{B1}和 R_{B2}的电流远大于晶体管 VT 的基极电流 I_B时（一般 5～10 倍），则它的静

态工作点可用下式估算

$$U_B \approx \frac{R_{B1}}{R_{B1}+R_{B2}}U_{CC}$$

$$I_E \approx \frac{U_B - U_{BE}}{R_E} \approx I_C$$

$$U_{CE} = U_{CC} - I_C(R_C + R_E)$$

电压放大倍数

$$A_u = -\beta\frac{R'_L}{r_{be}}$$

其中，$R'_L = R_L // R_C$。

利用估算的静态值计算 r_{be}，即

$$r_{be} = 300\Omega + (1+\beta)\frac{26\text{mV}}{I_E\text{mA}}$$

输入电阻

$$R_i = R_{B1} // R_{B2} // r_{be}$$

输出电阻

$$R_o \approx R_C$$

1. 放大器静态工作点的测量与调试

（1）静态工作点的测量。测量放大器的静态工作点，应在输入信号 $u_i = 0$ 的情况下进行，即将放大器输入端与地端短接，然后选用量程合适的直流毫安表和直流电压表，分别测量晶体管的集电极电流 I_C 以及各电极对地的电位 U_B、U_C 和 U_E。一般实验中，为了避免断开集电极，所以采用测量电压 U_E 或 U_C，然后算出 I_C 的方法，例如，只要测出 U_E，即可由

$$I_C \approx I_E = \frac{U_E}{R_E}$$

算出 I_C $\left(\text{也可根据 } I_C = \frac{U_{CC} - U_C}{R_C}\text{，由 } U_C \text{ 确定 } I_C\right)$，同时计算得出 $U_{BE} = U_B - U_E$，$U_{CE} = U_C - U_E$。

（2）静态工作点的调试。放大器静态工作点的调试是指对晶体管集电极电流 I_C（或 U_{CE}）的调整与测试。

静态工作点是否合适，对放大器的性能和输出波形都有很大影响。如工作点偏高，放大器在加入交流信号以后易产生饱和失真，此时 u_o 的负半周将被削底，如图 3-2（a）所示；如工作点偏低，则易产生截止失真，即 u_o 的正半周被缩顶（一般截止失真不如饱和失真明显），如图 3-2（b）所示。所以在选定工作点以后还必须进行动态调试，即在放大器的输入端加入一定的输入电压 u_i，检查输出电压 u_o 的大小和波形是否满足要求。如不满足，则应调节静态工作点的位置。

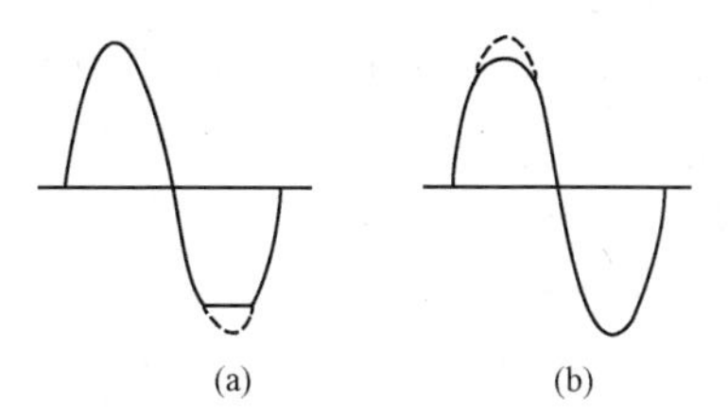

图 3-2　静态工作点对输出波形失真的影响

（a）饱和失真；（b）截止失真

改变电路参数 U_{CC}、R_C、R_{B1}、R_{B2} 都会引起静态工作点的变化，但通常多采用调节偏置电阻 R_{B2} 的方法来改变静态工作点，如减小 R_{B2}，则可使静态工作点提高等。但需要说明的是，工作点“偏高”或“偏低”不是绝对的，

而是相对信号的幅度而言，如输入信号幅度很小，即使工作点较高或较低也不一定会出现失真。所以确切地说，产生波形失真是信号幅度与静态工作点设置配合不当所致。如需满足较大信号幅度的要求，静态工作点最好尽量靠近交流负载线的中点。

2. 放大器动态指标测试

(1) 电压放大倍数A_u的测量。调整放大器到合适的静态工作点，然后加入输入电压u_i，在输出电压u_o不失真的情况下，用交流毫伏表测出u_i和u_o的有效值U_i和U_o，在本书中，u_i和u_o是指电压的峰-峰值，可用示波器测量，而U_i和U_o是指电压的有效值，可用交流毫伏表测量。电压放大倍数的表达式为

$$A_u = \frac{U_o}{U_i}$$

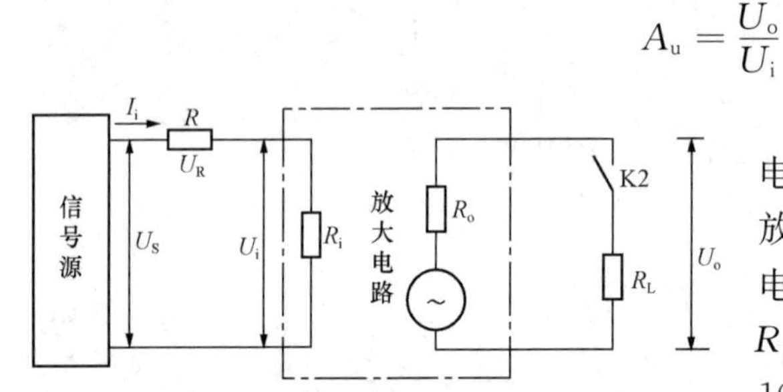

图 3-3 输入、输出电阻测量电路

(2) 输入电阻R_i的测量。输入、输出电阻测量电路如图 3-3 所示，电路中在被测放大器的输入端与信号源之间串入一已知电阻R（为了减小测量误差，通常取R与R_i为同一数量级为好，本实验中$R=10\text{k}\Omega$），在放大器正常工作的情况下，用交流毫伏表测出U_S和U_i，根据$U_R=U_S-U_i$求出U_R值。则根据输入电阻的定义可得

$$R_i = \frac{U_i}{I_i} = \frac{U_i}{\dfrac{U_R}{R}} = \frac{U_i}{U_S - U_i}R$$

(3) 输出电阻R_o的测量。按图 3-3 电路接线，在放大器正常工作条件下，测出输出端不接负载R_L的输出电压U_o和接入负载后的输出电压U_L，根据

$$U_L = \frac{R_L}{R_o + R_L}U_o$$

即可求出

$$R_o = \left(\frac{U_o}{U_L} - 1\right)R_L$$

在测试中应注意，必须保持R_L接入前后输入信号的大小不变。

五、实验内容与步骤

1. 连线

将单管/负反馈两级放大器固定线路板插入 THM-3 型实验箱四个绿色固定插孔中，按实验电路图 3-1 接线，将固定板上的$+U_{CC}$（即+12V）、地用连接线分别和实验箱的左下角直流稳压电源对应的+12V、地连接，再使用两根连接线将固定板上的接点 1、2 和 3 连接在一起，注意接线前先将左下角的电源开关断开以及实验箱的总电源开关（在实验箱的左上角）断开。

2. 静态工作点的调试

(1) 接通总电源开关及直流稳压电源开关前，先将单管/负反馈两级放大器实验板上的R_{W1}电位器调至最大（顺时针调到底），用连接线连接接点 4 和接点 5（即将电阻R_{F1}短路）。

(2) 不接信号发生器，用连接线将测试点U_i和地短接，将电源总开关、+12V 电源开关和 K1 闭合，调节R_{W1}，使$I_C=2.0\text{mA}$（即用直流电压表测得$U_E=2.0\text{V}$）。

（3）用万用表直流电压挡测量 U_B、U_E、U_C 及用电阻挡测量 R_{B2} 值（注意测量 R_{B2} 值时应先将电源和开关 K1 断开再进行测量），将测量数据记入表 3-2 中。

表 3-2　放大器静态工作点的测量（I_C=2.0mA）

项目＼参数	U_B（V）	U_E（V）	U_C（V）	R_{B2}（kΩ）	U_{BE}（V）	U_{CE}（V）	I_C（mA）
理论值							
实测值							

3. 测量电压放大倍数

（1）断开 U_i 和地短接的连接线，再将 TFG6930A 型函数信号发生器的输出信号接在放大器的输入端（即测试点 U_i）。

（2）调节函数信号发生器，在放大器输入端接入频率为 1kHz 的正弦信号 u_i。

（3）用交流毫伏表测量放大器输入电压 U_i，调节函数信号发生器，使 $U_i \approx 10$mV，同时用双踪示波器观察放大器输入电压 u_i 和输出电压 u_o 的波形。

（4）在波形不失真的条件下，用交流毫伏表测量下述三种情况下的 u_o 值，并用双踪示波器观察 u_o 和 u_i 的相位关系，记入表 3-3，其中表中 R_C=1.2kΩ 可在原 R_C=2.4kΩ 旁边并联一只 2.4kΩ 的电阻获取。

表 3-3　电压放大倍数的测量（I_C=2.0mA）

R_C（kΩ）	R_L（kΩ）	U_i（mV）	U_o（V）	A_u实测值	A_u理论值	观察记录一组 u_i 和 u_o 波形
2.4	∞					U_i（O—t 坐标）　U_o（O—t 坐标）
1.2	∞					
2.4	2.4					

4. 测量输入电阻和输出电阻

（1）取 R_C=2.4kΩ，R_L=2.4kΩ，I_C=2.0mA，R=10kΩ。在测试点 U_S 中输入 f=1kHz 的正弦信号，逐步增大 u_s，在输出电压 u_o 不失真的情况下，用交流毫伏表测出 U_S、U_i 和 U_L，然后根据 $R_i=\frac{U_i}{U_S-U_i}R$ 算出输入电阻 R_i，记入表 3-4 中。

（2）保持 U_S 不变，断开 R_L，测量输出电压 U_o，然后根据和 $R_o=\left(\frac{U_o}{U_L}-1\right)R_L$ 算出输出电阻 R_o，记入表 3-4 中。

表 3-4　输入电阻和输出电阻的测量

U_S（mV）	U_i（mV）	R_i（kΩ）		U_L（V）	U_o（V）	R_o（kΩ）	
		测量值	计算值			测量值	计算值

*5. 观察静态工作点对输出波形失真的影响

（1）取 R_C=2.4kΩ，R_L=∞，u_i=0，调节 R_{W1} 使 I_C=2.0mA（即 U_E=2.0V），测出 U_{CE} 值，再逐步加大输入信号 u_i，使输出电压 u_o 足够大但不失真。

（2）保持输入信号不变，分别增大 R_{W1}（顺时针调整），使波形出现截止失真，用示波器观测 u_o的波形，再断开信号源并测出截止失真情况下的 I_C和 U_{CE}值，记入表 3-5 中。

（3）同样保持输入信号不变，接通信号源，减小 R_{W1}（逆时针调整），使波形出现饱和失真，用示波器观测 u_o的波形，再断开信号源并测出饱和失真情况下的 I_C和 U_{CE}值，记入表 3-5 中。

表 3-5　静态工作点对输出波形失真的影响（R_C＝2.4kΩ，R_L＝∞）

I_C（mA）	U_{CE}（V）	u_o波形	失真情况	晶体管工作状态
		U_o / O / t		
2.0		U_o / O / t		
		U_o / O / t		

六、实验思考题

（1）怎样测量 R_{B2}值？

（2）当调节偏置电阻 R_{B2}，使放大器输出波形出现饱和或截止失真时，晶体管的管压降 U_{CE}怎样变化？

（3）测试中，如果将函数信号发生器、交流毫伏表、示波器中任一仪器的接地端不再连在一起，将会出现什么问题？

实验二　OTL 功率放大器（综合性）

一、实验目的

（1）进一步理解 OTL 功率放大器的工作原理。

（2）学会 OTL 电路的调试及主要性能指标的测试方法。

二、实验仪器设备

OTL 功率放大器实验所需仪器设备见表 3-6。

表 3-6　实验仪器设备

序号	名　称	型号规格	数　量
1	模拟电路实验箱	THM-3	1
2	函数信号发生器	TFG6930A	1
3	双踪示波器	V-252，20MHz	1
4	交流毫伏表	DF2170C	1
5	数字万用表	VC9801A＋	2

三、预习要求

(1) 复习教材中有关 OTL 放大电路部分内容，理解其工作原理。

(2) 利用仿真软件仿真本实验的实验内容。

(3) 电路中 C_2 和 R 构成什么电路？有什么作用？

四、实验原理

图 3-4 所示为 OTL 低频功率放大器。

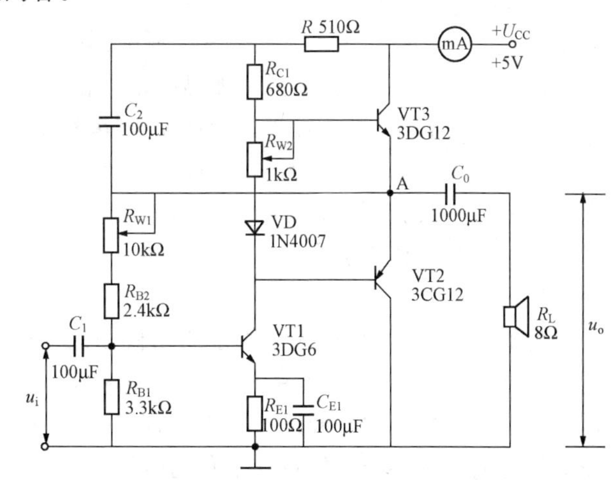

图 3-4 OTL 功率放大器实验电路

晶体管 VT1 组成推动级（也称前置放大级），VT2、VT3 是一对参数对称的 PNP 型和 NPN 型晶体管，它们组成互补推挽 OTL 功放电路。其中 VT1 工作于甲类状态，它的集电极电流 I_{C1} 由电位器 R_{W1} 进行调节。I_{C1} 的一部分流经电位器 R_{W2} 及二极管 VD，给 VT2、VT3 提供偏压。调节 R_{W2}，可以使 T2、T3 得到合适的静态电流而工作于甲、乙类状态，以克服交越失真。静态时，要求输出端中点 A 的电位 $U_A = \frac{1}{2}U_{CC}$，可以通过调节 R_{W1} 来实现，又由于 R_{W1} 的一端接在 A 点，因此在电路中引入交、直流电压并联负反馈，一方面能够稳定放大器的静态工作点，同时也改善了非线性失真。

当输入正弦交流信号 u_i 时，经 VT1 放大、倒相后同时作用于 VT2、VT3 的基极，u_i 的负半周使 VT3 导通（VT2 截止），有电流通过负载 R_L，同时向电容 C_0 充电；在 u_i 的正半周，VT2 导通（VT3 截止），则已充电完毕的电容器 C_0 起着电源的作用，通过负载 R_L 放电，这样在 R_L 上就得到完整的正弦波。

C_2 和 R 构成自举电路，用于提高输出电压正半周的幅度，扩大动态范围。

OTL 电路的主要性能指标如下：

(1) 最大不失真输出功率 P_{om}。理想情况下：$P_{om} = \frac{1}{8}\frac{U_{CC}^2}{R_L}$。实验中，可通过测量 R_L 两端的电压有效值求得实际的 P_{om} 为 $P_{om} = \frac{U_0^2}{R_L}$。

(2) 效率 η。计算公式为

$$\eta = \frac{P_{om}}{P_E} \times 100\%$$

式中 P_E——直流电源供给的平均功率。

理想情况下，$\eta_{max} = 78.5\%$。在实验中，可测量电源供给的平均电流 I_{DC}，从而求得 $P_E = U_{CC} I_{DC}$。用上述方法求出负载上的交流功率，就可以计算实际效率了。

(3) 输入灵敏度。输入灵敏度是指输出最大不失真功率时，输入信号 U_i 的值。

(4) 频率响应。放大器的频率特性是指放大器的电压放大倍数 A_u 与输入信号频率 f 之间的关系曲线。晶体管阻容耦合放大电路的幅频特性曲线如图 3-5 所示。

图中，A_{um} 为中频电压放大倍数，通常规定电压放大倍数随频率变化下降到中频放大倍数

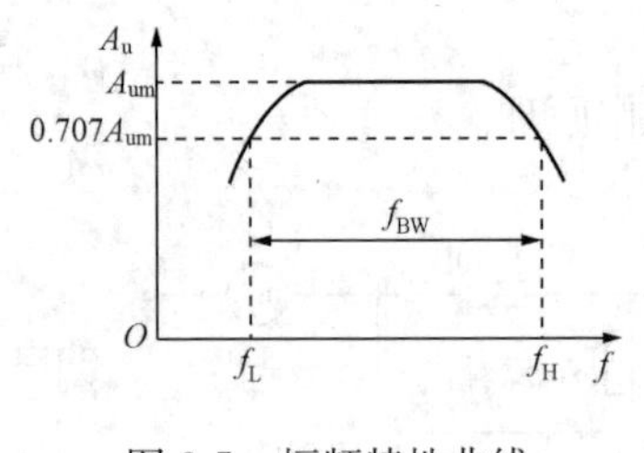

图 3-5　幅频特性曲线

的 $1/\sqrt{2}$ 倍，即 $0.707A_{um}$ 时所对应的频率分别称为下限频率 f_L 和上限频率 f_H，则通频带为

$$f_{BW}=f_H-f_L$$

放大器的幅率特性就是测量不同频率信号时的电压放大倍数 A_u。为此，可采用前述测 A_u 的方法，每改变一个信号频率，测量其相应的电压放大倍数，测量时应注意取点要恰当，在低频段与高频段应多测几点，在中频段可以少测几点。此外，在改变频率时，要保持输入信号的幅值不变，且输出波形不得失真。

五、实验内容与步骤

1. 连线

将低频 OTL 功率放大器固定线路板插入 THM-3 型实验箱四个绿色插座中，将固定板上的 $+U_{CC}$（即 +5V）、地用连接线分别和实验箱左下角直流稳压电源对应的 +5V、地连接，再在固定板上的电源进线中串入直流毫安表（在实验中使用数字万用表代替测电流 I）。需要注意的是，接线前先将左下角的电源开关断开以及实验箱的总电源开关断开，将电位器 R_{W2} 置最小值，R_{W1} 置中间位置。

2. 静态工作点的测试

（1）调节输出端中点电位 U_A。电路连接完成后，使 u_i 接地，打开电源总开关和 +5V 电源开关，调节电位器 R_{W1}，用万用表直流电压挡测量 A 点电位，使 $U_A=\frac{1}{2}U_{CC}=2.5V$。

（2）调整输出级静态电流及测试各级静态工作点。

1）方法一：调节 R_{W2}，使 VT2、VT3 的 $I_{C2}=I_{C3}=5\sim10mA$。从减小交越失真角度而言，应适当加大输出级静态电流，但该电流过大会使效率降低，所以一般以 5～10mA 为宜。由于数字万用表是串联在电源进线中，因此测得的是整个放大器的电流，但一般 VT1 的集电极电流 I_{C1} 较小，从而可以把测得的总电流近似当作末级的静态电流。如要准确得到末级静态电流，则可从总电流中减去 I_{C1} 之值。

2）方法二：调整输出级静态电流的另一方法是动态调试法。先使 $R_{W2}=0$，在输入端接入 $f=1kHz$ 的正弦信号 u_i。逐渐加大输入信号的幅值，此时，输出波形应出现较严重的交越失真（注意：没有饱和和截止失真），然后缓慢增大 R_{W2}，当交越失真刚好消失时，停止调节 R_{W2}，恢复 $u_i=0$，此时直流毫安表读数即为输出级静态电流。一般数值也应在 5～10mA，如过大，则要检查电路。

输出级电流调好以后，测量各级静态工作点，记入表 3-7。

表 3-7　　静态工作点的调试（$I_{C2}=I_{C3}=$ ______ mA，$U_A=2.5V$）

晶体管 / 电压	VT1	VT2	VT3
U_B（V）			
U_C（V）			
U_E（V）			

注　① 在调整 R_{W2} 时，一定要注意旋转方向，不要调得过大，更不能开路，以免损坏输出管。

② 输出管静态电流调好，如无特殊情况，不得随意旋动 R_{W1} 和 R_{W2} 的位置。

3. 最大输出功率 P_{om} 和效率 η 的测试

(1) 测量最大输出功率 P_{om}。将 TFG6930A 型函数信号发生器的输出信号接到低频 OTL 功率放大器固定线路板的输入端（即 u_i），并在输出端接上喇叭。调节函数信号发生器，输出 $f=1kHz$ 正弦信号，在电路的输出端用示波器观察输出电压 u_o 的波形。逐渐增大 u_i，使输出电压达到最大不失真输出，用交流毫伏表分别测出输入电压 U_i 和负载 R_L 上的电压 U_{om}，将测量数据记录在表 3-8 中，然后根据 $P_{om}=\frac{U_{om}^2}{R_L}$ 即可求出 P_{om}。

表 3-8　　最大输出功率的测试

U_i（mV）	U_{om}（V）	R_L（Ω）	P_{om}（mW）

(2) 测量效率 η。当输出电压为最大不失真输出时，读出数字万用表中的电流值，此电流即为直流电源供给的平均电流 I_{DC}（有一定误差），由此可近似求得 $P_E=U_{CC}I_{DC}$，再根据上面测得的 P_{om}，即可求出 $\eta=\frac{P_{om}}{P_E}\times 100\%$，填写表 3-9。

表 3-9　　效率的测试

U_{CC}（V）	I_{DC}（mA）	P_E（mW）	P_{om}（mW）	η

4. 输入灵敏度测试

根据输入灵敏度的定义，只要用交流毫伏表测出输出功率 $P_o=P_{om}$ 时的输入电压值 U_i=________ mV，即为输入灵敏度。

5. 频率响应的测试

(1) 取 $R_L=8\Omega$，使用交流毫伏表测量固定板的信号输入电压 U_i，在测试时，保持输入信号 u_i 的幅值不变，为保证电路的安全，应在较低电压下进行，通常取输入信号为输入灵敏度的 50%。在整个测试过程中，应保持 U_i 为恒定值，且输出波形不得失真。

(2) 改变信号源频率 f，逐点使用交流毫伏表测出相应频率的输出电压 U_o，为了使信号源频率 f 取值合适，可先粗测一下，找出中频范围，然后再仔细读数，将数据记入表 3-10。

表 3-10　　频率响应的测试（U_i=____mV）

				f_L		f_o		f_H				
f（Hz）												
U_o（V）												
$A_u=U_o/U_i$												

六、实验思考题

(1) 电路中电位器 R_{W2} 如果开路，对电路工作有何影响？

(2) 交越失真产生的原因是什么？怎样克服交越失真？

(3) 根据表 3-10 的测量数据，绘出频率响应曲线，并求出其通频带 f_{BW}。

实验三　电压串联负反馈放大器（综合性）

一、实验目的

（1）了解电压串联负反馈放大电路的工作原理。

（2）理解两级放大电路引入负反馈的方法。

（3）掌握负反馈放大器各项性能指标的测试方法。

二、实验仪器设备

电压串联负反馈放大器实验所需仪器设备见表 3-11。

表 3-11　实验仪器设备

序号	名　称	型号规格	数　量
1	模拟电路实验箱	THM-3	1
2	函数信号发生器	TFG6930A	1
3	双踪示波器	V-252，20MHz	1
4	交流毫伏表	DF2170C	1
5	数字万用表	VC9801A＋	1

三、预习要求

（1）复习教材中有关负反馈放大器的内容。

（2）利用仿真软件仿真本实验的实验内容。

（3）怎样把负反馈放大器改接成基本放大器？

四、实验原理

负反馈在电子电路中有着非常广泛的应用，虽然它使放大器的放大倍数降低，但能在多方面改善放大器的动态指标，如稳定放大倍数，改变输入、输出电阻，减小非线性失真和展宽通频带等。因此，几乎所有的实用放大器都带有负反馈。

1．负反馈电路

图 3-6 为带有电压串联负反馈的两级阻容耦合放大电路。在电路中通过 R_F 把输出电压

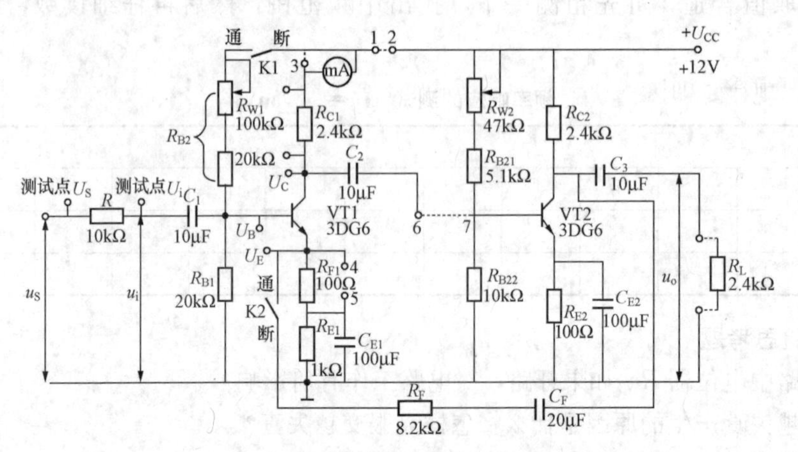

图 3-6　带有电压串联负反馈的两级阻容耦合放大器电路

u_o引回到输入端，加在晶体管VT1的发射极上，在发射极电阻R_{F1}上形成反馈电压u_f。根据反馈的判断法可知，它属于电压串联负反馈。

主要性能指标如下：

（1）闭环电压放大倍数。其计算公式为

$$A_{uf}=\frac{A_u}{1+A_uF_u}$$

式中 A_u——基本放大器（无反馈）的电压放大倍数，即开环电压放大倍数，且$A_u=U_o/U_i$。

$1+A_uF_u$为反馈深度，它的大小决定了负反馈对放大器性能改善的程度。

（2）反馈系数。其计算公式为

$$F_u=\frac{R_{F1}}{R_F+R_{F1}}$$

（3）输入电阻。其计算公式为

$$R_{if}=(1+A_uF_u)R_i$$

式中 R_i——基本放大器的输入电阻。

（4）输出电阻。其计算公式为

$$R_{of}=\frac{R_o}{1+A_{uo}F_u}$$

式中 R_o——基本放大器的输出电阻；

A_{uo}——基本放大器$R_L=\infty$时的电压放大倍数。

2. 等效的基本放大电路

本实验还需要测量基本放大器的动态参数，如何实现无反馈而得到基本放大器呢？不能简单地断开反馈支路，而是要去掉反馈作用，但又要把反馈网络的影响（负载效应）考虑到基本放大器中去。为此：

（1）在画基本放大器的输入回路时，因为是电压负反馈，所以可将负反馈放大器的输出端交流短路，即令$u_o=0$，此时R_F相当于并联在R_{F1}上。

（2）在画基本放大器的输出回路时，由于输入端是串联负反馈，因此需将反馈放大器的输入端（VT1的射极）开路，此时R_F+R_{F1}相当于并接在输出端。可近似认为R_F并接在输出端。

根据上述规律，即可得到所要求的如图3-7所示等效的基本放大器。

五、实验内容与步骤

1. 连线

将单管/负反馈两级放大器固定线路板插入THM-3型实验箱四个绿色固定插孔中，按实验电路图3-6连接实验电路。

（1）将固定板上的$+U_{CC}$（即+12V）、地用连接线分别和实验箱左下角的直流稳压电源对应的+12V、地连接。

（2）用两根连接线将固定板上的接点1、2和3连接在一起，将R_{W1}支路的开关K1闭合。

（3）使用一根连接线将接点6和接点7接通。

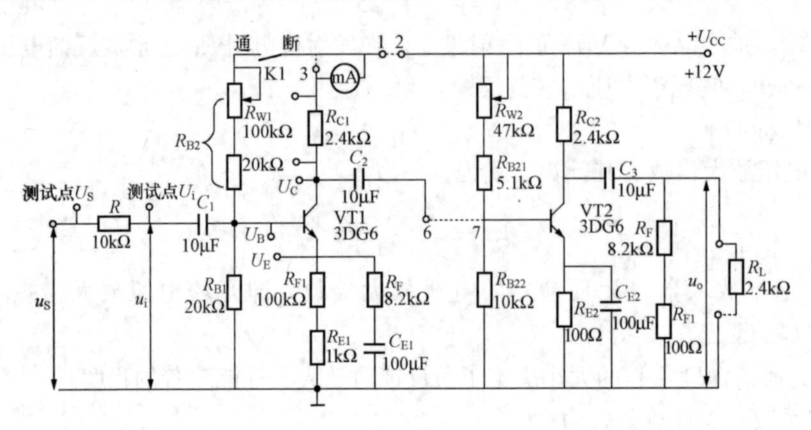

图 3-7　等效的基本放大器

2. 测量静态工作点

(1) 断开 R_F 反馈支路的开关 K2，不接输入信号，即使 $U_i=0$，调节 R_{W1}，使第一级的 $I_{C1}=2.0\text{mA}$（即 $U_{E1}=2.2\text{V}$，实验原理类似实验一），用直流电压表测量第一级的静态工作点，记入表 3-12。

(2) 在上述基础上，调节 R_{W2}，使第二级的 $I_{C2}=2.0\text{mA}$（即 $U_{E2}=2.0\text{V}$），用直流电压表测量第二级的静态工作点，记入表 3-12。

表 3-12　　**静态工作点的测量**

参　数	U_B（V）	U_E（V）	U_C（V）	I_C（mA）
第一级				2.0
第二级				2.0

3. 测试基本放大器的各项性能指标

将实验电路按图 3-7 改接成基本放大电路，其他连线不动。

(1) 测量中频电压放大倍数 A_u $\left(\text{即 } A_u=\dfrac{U_o}{U_i}\right)$，输入电阻 R_i $\left(\text{即 } R_i=\dfrac{U_i}{U_S-U_i}R\text{，其中 } R=10\text{k}\Omega\right)$ 和输出电阻 R_o，其中 $R_o=\left(\dfrac{U_o}{U_L}-1\right)R_L$，$R_L=2.4\text{k}\Omega$。

1) 以 $f=1\text{kHz}$，U_i 约 10mV 的正弦信号输入放大器，用示波器监视输出波形 u_o，在 u_o 不失真的情况下，用交流毫伏表测量 U_S、U_i、U_L，记入表 3-13 基本放大器部分中。

2) 保持 U_S 不变，断开负载电阻 R_L（注意：R_F 不要断开），测量空载时的输出电压 U_o，记入表 3-13 基本放大器部分中。

表 3-13　　**基本放大器/负反馈放大器测试记录表**

基本放大器	U_S（mv）	U_i（mv）	U_L（V）	U_o（V）	A_u	R_i（kΩ）	R_o（kΩ）
负反馈放大器	U_S（mv）	U_i（mv）	U_L（V）	U_o（V）	A_{uf}	R_{if}（kΩ）	R_{of}（kΩ）

（2）测量通频带。接上 R_L，保持输入 $f=1\text{kHz}$，U_i约 10mV 正弦信号（即测量过程中要保持输入中的U_S不变），用交流毫伏表测得中频时的 $U_o=$______V，然后改变信号源的频率，先增加 f，使 U_o值降到中频时的 0.707 倍，即 $U_{oH}=0.707U_o=$______V，此时输入信号的频率即为 f_H。降低频率 f，使 U_o值降到中频时的 0.707 倍，即 $U_{oL}=0.707U_o=$______V，此时输入信号的频率即为 f_L。找出上、下限频率 f_H和 f_L后，再根据 $f_{BW}=f_H-f_L$求出通频带，将测量数据记入表 3-14 基本放大器部分中。

表 3-14　　基本放大器/负反馈放大器通频带测试记录表

<table>
<tr><td rowspan="2">基本放大器</td><td>f_L（kHz）</td><td>f_H（kHz）</td><td>f_{BW}（kHz）</td></tr>
<tr><td></td><td></td><td></td></tr>
<tr><td rowspan="2">负反馈放大器</td><td>f_{Lf}（kHz）</td><td>f_{Hf}（kHz）</td><td>f_{BWf}（kHz）</td></tr>
<tr><td></td><td></td><td></td></tr>
</table>

4. 测试负反馈放大器的各项性能指标

将实验电路恢复为图 3-6 所示的负反馈放大电路，接通 R_F反馈支路的开关，适当加大 U_S，在输出波形不失真的条件下，利用类似测量基本放大器的方法来测量负反馈放大器的 A_{uf}、R_{if}和 R_{of}，将测量数据记入表 3-13 负反馈放大器部分中。再测量 f_{Hf}和 f_{Lf}，将数据记入表 3-14 负反馈放大器部分中。

5. 观察负反馈对非线性失真的改善

（1）实验电路改接成基本放大器形式，不接负载 R_L，在输入端加入 $f=1\text{kHz}$ 的正弦信号，输出端接示波器，逐渐增大输入信号的幅值，使输出波形开始出现失真，在表 3-15 中记录此时的波形和输出电压的幅值。

表 3-15　　负反馈对非线性失真的改善

<table>
<tr><td rowspan="2">基本放大器</td><td>输出波形</td><td>输出电压 u_i（V_{p-p}）</td><td>输出电压 u_o（V_{p-p}）</td></tr>
<tr><td>U_o O t</td><td></td><td></td></tr>
<tr><td rowspan="2">负反馈放大器</td><td>输出波形</td><td>输出电压 u_{if}（V_{p-p}）</td><td>输出电压 u_{of}（V_{p-p}）</td></tr>
<tr><td>U_o O t</td><td></td><td></td></tr>
</table>

（2）再将实验电路改接成负反馈放大器形式，不接负载 R_L，增大输入信号幅值，使输出电压幅值的大小与（1）相同，比较有负反馈时输出波形的变化，将数据记录在表3-15中。

六、实验思考题

（1）如输入信号存在失真，能否用负反馈来改善？

（2）怎样判断放大器是否存在自励振荡？如何进行消振？

实验四　集成运算放大器的基本应用——模拟运算电路（验证性）

一、实验目的

（1）熟悉集成运放的正确使用方法。

（2）研究由集成运算放大器组成的比例、加法、减法等基本运算电路的功能。

二、实验仪器设备

模拟运算电路实验所需仪器设备见表 3-16。

表 3-16　实验仪器设备

序号	名称	型号规格	数量
1	模拟电路实验箱	THM-3	1
2	函数信号发生器	TFG6930A	1
3	双踪示波器	V－252，20MHz	1
4	交流毫伏表	DF2170C	1
5	数字万用表	VC9801A＋	1

三、预习要求

（1）复习教材中有关模拟运算电路的内容。

（2）利用仿真软件仿真本实验的实验内容。

（3）根据实验电路参数计算各电路输出电压的理论值。

四、实验原理

（1）反相比例运算电路。反相比例运算电路原理如图 3-8 所示。对于理想运放，该电路的输出电压与输入电压之间的关系为

$$U_o = -\frac{R_F}{R_1}U_i = -\frac{100}{10}U_i = -10U_i$$

为了减小输入级偏置电流引起的运算误差，在同相输入端应接入平衡电阻 $R_2 = R_1//R_F$。

（2）同相比例运算电路。同相比例运算电路原理如图 3-9（a）所示，其输出电压与输入电压之间的关系为

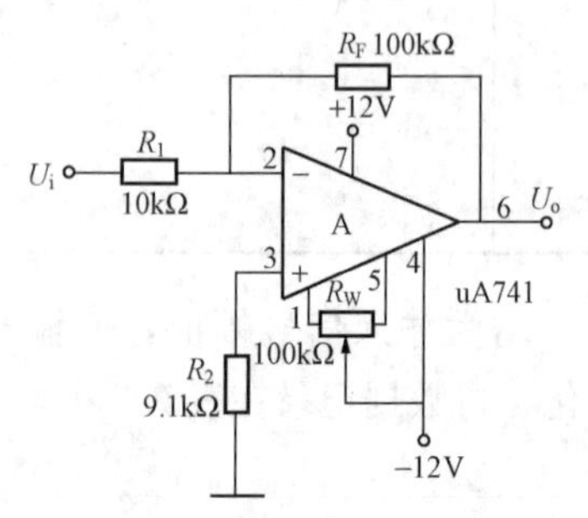

图 3-8　反相比例运算电路

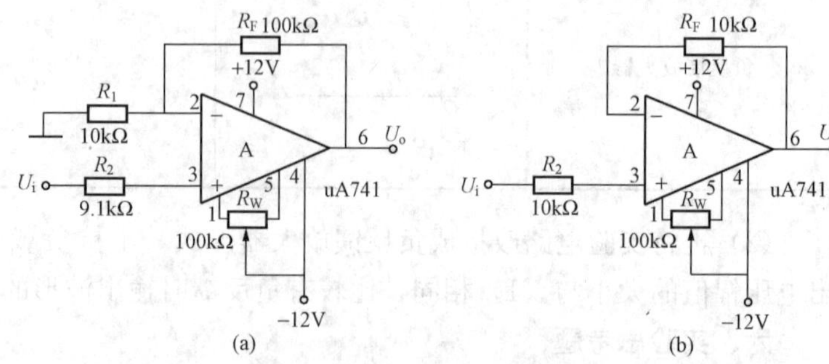

图 3-9　同相比例运算电路

（a）同相比例运算电路；（b）电压跟随器

$$U_o=\left(1+\frac{R_F}{R_1}\right)U_i=\left(1+\frac{100}{10}\right)U_i=11U_i，R_2=R_1 // R_F$$

当 $R_1\to\infty$ 时，$U_o=U_i$，即得到如图 3-9（b）所示的电压跟随器。图中 $R_2=R_F$，用以减小漂移和起保护作用。一般 R_F 取 10kΩ，R_F 太小起不到保护作用，太大则影响跟随性。

（3）反相加法电路。反相加法电路原理如图 3-10 所示，输出电压与输入电压之间的关系为

$$U_o=-\left(\frac{R_F}{R_1}U_{i1}+\frac{R_F}{R_2}U_{i2}\right)=-\left(\frac{100}{10}U_{i1}+\frac{100}{10}U_{i2}\right)=-(10U_{i1}+10U_{i2})$$

其中 $R_3=R_1 // R_2 // R_F$。

（4）差动放大电路（减法器）。差动放大电路原理如图 3-11 所示，当 $R_1=R_2$，$R_3=R_F$ 时，有如下关系式

$$U_o=\frac{R_F}{R_1}(U_{i2}-U_{i1})=\frac{100}{10}(U_{i2}-U_{i1})=10(U_{i2}-U_{i1})$$

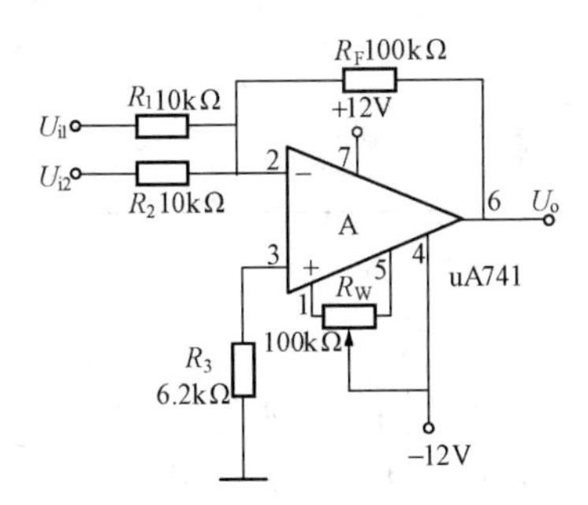

图 3-10　反相加法运算电路

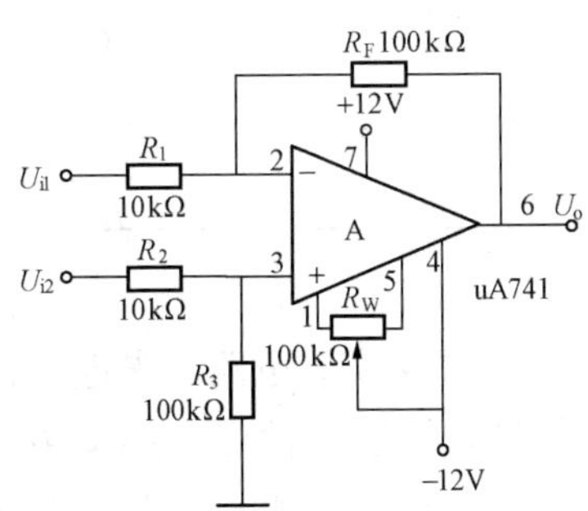

图 3-11　减法运算电路

五、实验内容与步骤

实验前要确认运放组件各引脚的位置，切忌正、负电源极性接反和输出端短路，否则将会损坏集成块。

1. 反相比例运算电路

（1）将 μA741 型芯片插入 THM-3 型实验箱上 8P 圆针插座中（芯片方向与圆针插座方向应一致）；按图 3-8 连接实验电路，接通±12V 电源，将信号输入端对地短接（即使 $U_i=0$），调节调零电位器 R_W，用万用表的直流电压挡测量芯片的 6 引脚输出端，使 $U_o=0$，完成运放调零。

（2）断开信号输入接地端，调节 TFG6930A 型函数信号发生器，将输出 $f=100$Hz，$u_i=0.5$V 峰-峰值的正弦交流信号接到反相比例电路的输入端，用交流毫伏表测量出 U_i 和 U_o，并用示波器观察 u_o 和 u_i 的相位关系，记入表 3-17。

表 3-17　反相比例运算电路的测量

U_i（V）	U_o（V）	u_i波形	u_o波形	A_u	
		u_i O t	u_o O t	实测值	计算值

2. 同相比例运算电路

(1) 按图 3-9 (a) 连接实验电路，同样输入 $u_i=0.5$V，$f=100$Hz 的交流信号，实验步骤同实验内容 1，将实验结果记入表 3-18。

表 3-18　　同相比例运算电路的测量

U_i (V)	U_o (V)	u_i波形	u_o波形	A_u	
		u_i O t	u_i O t	实测值	计算值

* (2) 将图 3-9 (a) 中的 R_1断开，得到电压跟随器电路，如图 3-9 (b) 电路，重复上述实验内容 (1)，将实验数据记入表 3-19。

表 3-19　　电压跟随器的测量

U_i (V)	U_o (V)	u_i波形	u_o波形	A_u	
		u_i O t	u_i O t	实测值	计算值

3. 反相加法运算电路

(1) 按图 3-10 连接实验电路，先进行调零。

(2) 输入信号采用直流信号，连接实验箱中的直流可调信号源 (−5V～+5V 可调)，实验时用万用表直流电压挡测量输入电压 U_{i1}、U_{i2} (要求均大于 0V 小于 0.5V) 及输出电压 U_o，记入表 3-20。

表 3-20　　反相加法运算电路的测量

U_{i1} (V)					
U_{i2} (V)					
U_o (V) (计算值)					
U_o (V) (实测值)					
数据分析					

4. 减法运算电路

(1) 按图 3-11 连接实验电路，先进行调零。

(2) 采用直流输入信号 (即实验箱中的直流可调信号源)，实验步骤同实验内容 3，将测量数据记入表 3-21。

表 3-21　　减法运算电路的测试

U_{i1} (V)					
U_{i2} (V)					
U_o (V) (计算值)					
U_o (V) (实测值)					
数据分析					

六、实验思考题

(1) 集成运放用于直流信号放大时，为何要进行调零？

(2) 为了不损坏集成块，实验中应注意什么问题？

实验五　集成运算放大器的基本应用——有源滤波器（验证性）

一、实验目的

(1) 熟悉用运放、电阻和电容组成有源低通滤波、高通滤波器。

(2) 学会测量有源滤波器的幅频特性。

二、实验仪器设备

有源滤波电路实验所需仪器设备见表 3-22。

表 3-22　实验仪器设备

序号	名称	型号规格	数量
1	模拟电路实验箱	THM-3	1
2	函数信号发生器	TFG6930A	1
3	双踪示波器	V－252，20MHz	1
4	交流毫伏表	DF2170C	1
5	数字万用表	VC9801A＋	1

三、预习要求

(1) 复习教材中有关滤波器的内容。

(2) 利用仿真软件仿真本实验的实验内容。

(3) 根据实验电路参数计算低通滤波器和高通滤波的截止频率、通带增益和品质因数。

四、实验原理

由 RC 元件与运算放大器组成的滤波器称为 RC 有源滤波器，其功能是让一定频率范围内的信号通过，抑制或急剧衰减此频率范围以外的信号。可用在信息处理、数据传输、抑制干扰等方面，受运算放大器频带限制，这类滤波器主要用于低频范围。根据对频率范围的选择不同，可分为低通（LPF）、高通（HPF）、带通（BPF）与带阻（BEF）等四种滤波器，本实验只介绍二阶低通和二阶高通两种滤波器，它们的幅频特性如图 3-12 所示。

具有理想幅频特性的滤波器很难实现，只能用实际的幅频特性去逼近。一般来说，滤波器的幅频特性越好，其相频特性越差，反之亦然。滤波器的阶数越高，幅频特性衰减的速率越快，但 RC 网络的节数越多，元件参数计算越烦琐，电路调试越困难。任何高阶滤波器均可以用较低的二阶 RC 有源滤波器级联实现。

(1) 低通滤波器（LPF）。低通滤波器是用来通过低频信号衰减或抑制高频信号。

图 3-13（a）所示为典型的二阶有源低通滤波器。它由两级 RC 滤波环节与同相比例运算电路组成，其中第一级电容 C 接至输出端，引入适量的正反馈，以改善幅频特性。

图 3-13（b）所示为二阶低通滤波器幅频特性曲线。

电路性能参数如下：

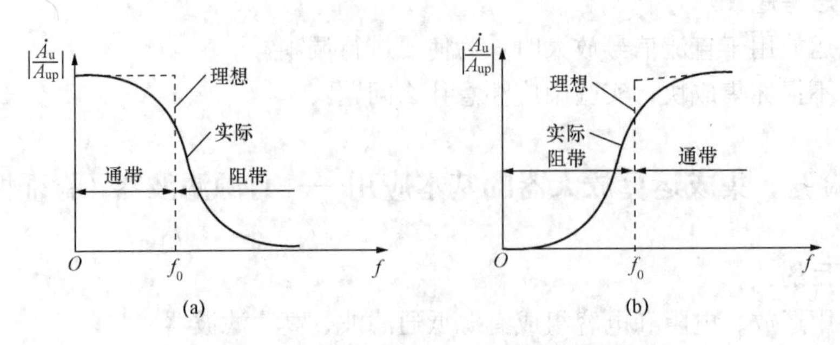

图 3-12　低通和高通滤波电路的幅频特性示意图

（a）低通；（b）高通

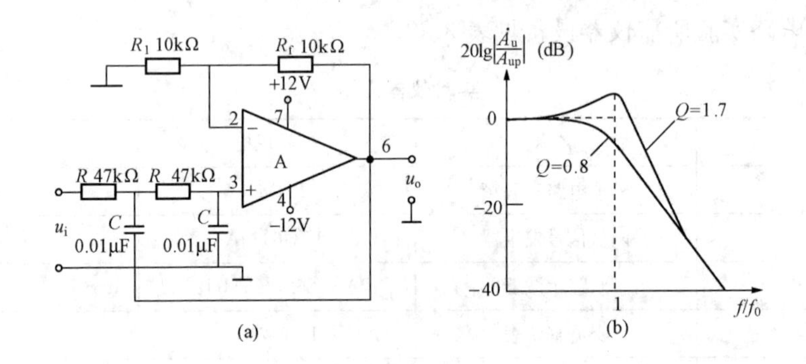

图 3-13　二阶低通滤波器

（a）电路图；（b）幅频特性

二阶低通滤波器的通带增益为

$$A_{uP}=1+\frac{R_f}{R_1}$$

截止频率为

$$f_0=\frac{1}{2\pi RC}$$

它是二阶低通滤波器通带与阻带的界限频率。

品质因数为

$$Q=\frac{1}{3-A_{uP}}$$

它的大小影响低通滤波器在截止频率处幅频特性的形状。

（2）高通滤波器（HPF）。与低通滤波器相反，高通滤波器用来通过高频信号，衰减或抑制低频信号。

只要将图 3-13 所示低通滤波电路中起滤波作用的电阻、电容互换，即可变成二阶有源高通滤波器，如图 3-14（a）所示。高通滤波器性能与低通滤波器相反，其频率响应和低通滤波器是“镜像”关系，仿照 LPH 分析方法，不难求得 HPF 的幅频特性。

电路性能参数 A_{uP}、f_0、Q 各量的含义同二阶低通滤波器。

图 3-14（b）所示为二阶高通滤波器的幅频特性曲线。可见，它与二阶低通滤波器的幅频特性曲线有“镜像”关系。

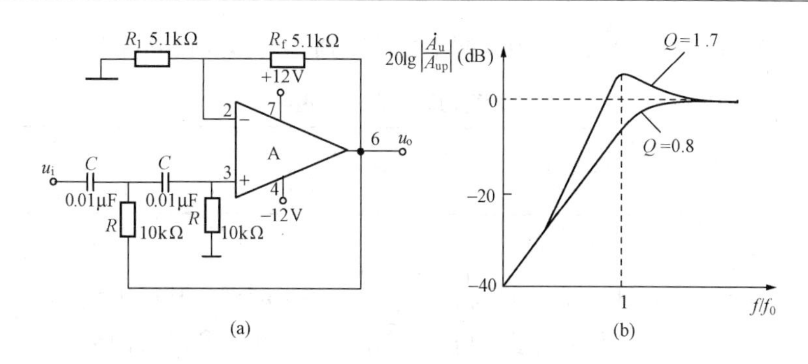

图 3-14　二阶高通滤波器

(a) 电路图；(b) 幅频特性

五、实验内容与步骤

1. 二阶低通滤波器

(1) 将 μA741 型芯片插入 THM-3 型实验箱上 8P 圆针插座中（芯片方向与圆针插座方向应一致），实验电路如图 3-13（a）所示。

(2) 粗测：接通线路±12V 电源。u_i接函数信号发生器，令其输出为 u_i＝1V 的正弦波信号，在滤波器截止频率（接近理论上的截止频率 339Hz）附近改变输入信号频率，用示波器或交流毫伏表观察输出电压幅值的变化是否具备低通特性，如不具备，应排除电路故障。

(3) 在输出波形不失真的条件下，维持输入信号幅度 u_i＝1V 不变，在此情况下，逐点改变输入信号频率，测量输出电压，记入表 3-23 中，并在图 3-15 中描绘出二阶低通滤波器的频率特性曲线。

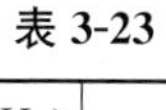

表 3-23　　**二阶低通滤波器的测量**

f (Hz)												
U_o (V)												

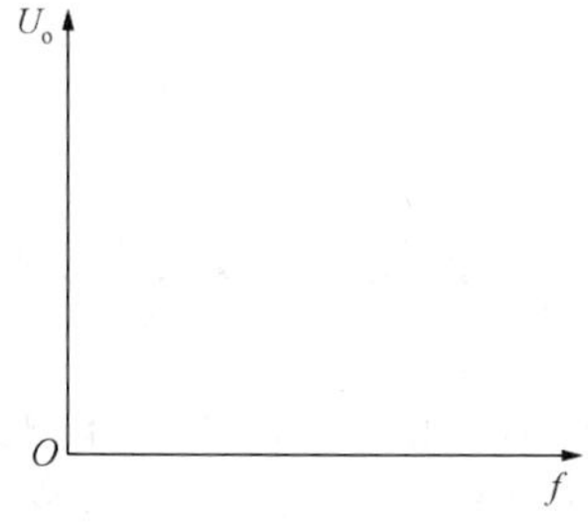

U_o　O　f

图 3-15　二阶低通滤波器频率特性曲线

U_o　O　f

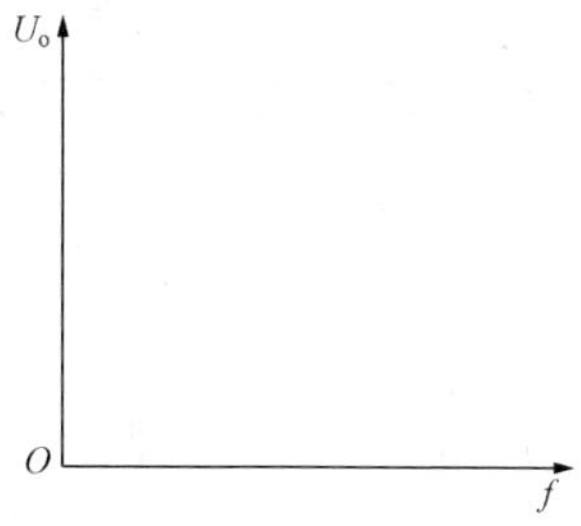

图 3-16　二阶高通滤波器频率特性曲线

2. 二阶高通滤波器

(1) 将 μA741 型芯片插入 THM-3 型实验箱上 8P 圆针插座中（芯片方向与圆针插座方向应一致）；实验电路如图 3-14（a）所示。

(2) 粗测：输入 u_i＝1V 正弦波信号，在滤波器截止频率（接近理论上的截止频率 1.6kHz）附近改变输入信号频率，观察电路是否具备高通特性。

(3) 维持输入信号幅度 u_i＝1V 不变，在此情况下，逐点改变输入信号频率，测量输出电压，记入表 3-24 中，并在图 3-16 中绘制出二阶高通滤波器的频率特性曲线。

表 3-24 二阶高通滤波器的测量

f（kHz）												
U_o（V）												

六、实验思考题

（1）计算上述二阶低通滤波器电路的通带增益、截止频率和品质因数。

（2）计算上述二阶高通滤波器电路的通带增益、截止频率和品质因数。

实验六 集成运算放大器的基本应用——电压比较器（验证性）

一、实验目的

（1）掌握电压比较器的电路构成及特点。

（2）掌握电压比较器主要性能指标的测试方法。

二、实验仪器设备

电压比较器电路实验所需仪器设备见表 3-25。

表 3-25 实验仪器设备

序号	名称	型号规格	数量
1	模拟电路实验箱	THM-3	1
2	函数信号发生器	TFG6930A	1
3	双踪示波器	V－252，20MHz	1
4	交流毫伏表	DF2170C	1
5	数字万用表	VC9801A＋	1

三、预习要求

（1）复习教材中有关电压比较器的内容。

（2）利用仿真软件仿真本实验的实验内容。

（3）如何通过双踪示波器直接观察传输特性曲线。

四、实验原理

常用的电压比较器有过零比较器、具有滞回特性的过零比较器、双限比较器（又称窗口比较器）等。

（1）过零比较器。图 3-17 所示电路为加限幅电路的过零比较器，VZ 为限幅稳压管。信号从运放的反相输入端输入，参考电压为零，从同相端输出。当 $u_i>0$ 时，输出 $u_o=-$

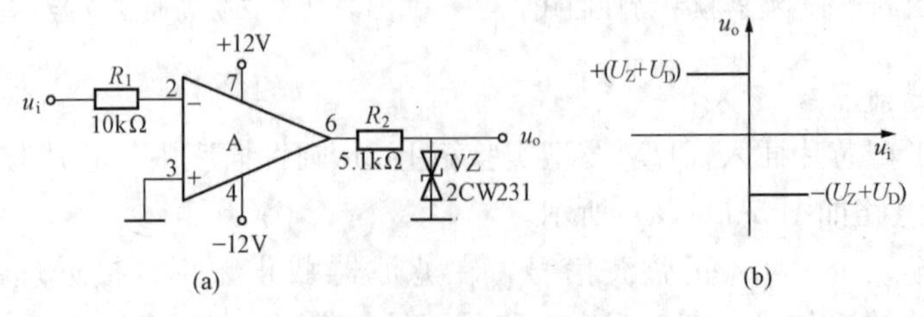

图 3-17 过零比较器

（a）过零比较器；（b）电压传输特性

(U_Z+U_D)；当 $u_i<0$ 时，$u_o=+(U_Z+U_D)$。其电压传输特性如图 3-17（b）所示。

过零比较器结构简单，灵敏度高，但抗干扰能力差。

（2）滞回比较器。过零比较器在实际工作时，如果 u_i恰好在过零值附近，则由于零点漂移的存在，u_o将不断由一个极限值转换到另一个极限值，这在控制系统中，对执行机构将是很不利的。为此，就需要输出特性具有滞回现象，如图 3-18 所示。

从输出端引一个电阻分压正反馈支路到同相输入端，若 u_o改变状态，Σ点也随着改变电位，使过零点离开原来位置。当 u_o为正（记作 U_+），$U_\Sigma=\dfrac{R_2}{R_f+R_2}U_+$，则当 $u_i>U_\Sigma$ 后，u_o即由正变负（记作 U_-），此时 U_Σ变为 $-U_\Sigma$。故只有当 u_i下降到 $-U_\Sigma$ 以下，才能使 u_o再度回升到 U_+，于是出现图 3-18（b）中所示的滞回特性。$-U_\Sigma$与 U_Σ的差称为回差。改变 R_2的值可以改变回差的大小。

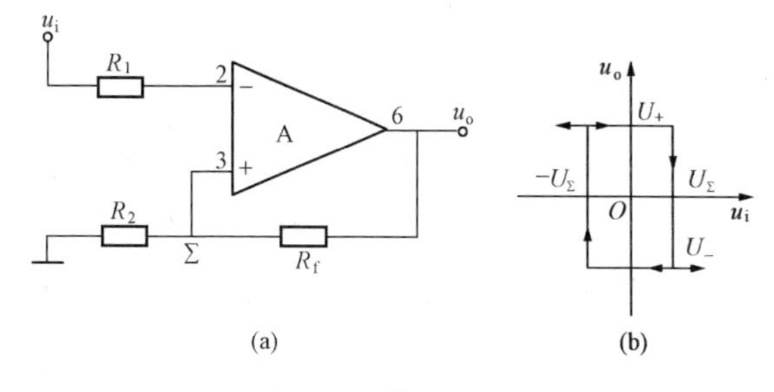

图 3-18 滞回比较器

（a）电路图；（b）传输特性

（3）窗口（双限）比较器。简单的比较器仅能鉴别输入电压 u_i比参考电压 U_R高或低的情况，窗口比较电路是由两个简单比较器组成，如图 3-19 所示，它能指示出 u_i值是否处于 U_R^+ 和 U_R^- 之间。如 $U_R^-<u_i<U_R^+$，则窗口比较器的输出电压 u_o等于运放的正饱和输出电压 $(+U_{max})$；如果 $u_i<U_R^-$ 或 $u_i>U_R^+$，则输出电压 u_o等于运放的负饱和输出电压 $(-U_{omax})$。

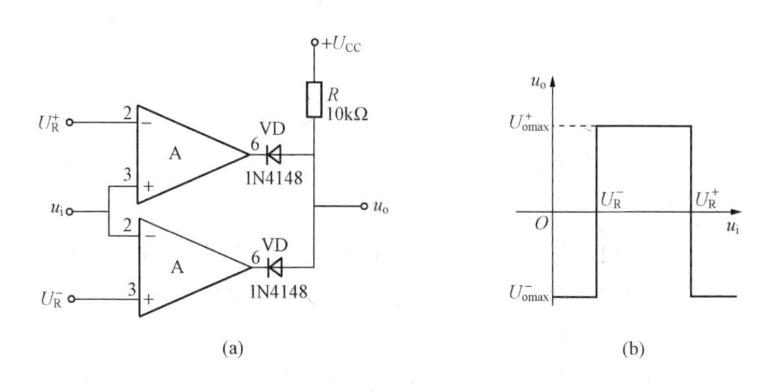

图 3-19 由两个简单比较器组成的窗口比较器

（a）电路图；（b）传输特性

五、实验内容与步骤

1. 过零比较器

将 μA741 型集成芯片插入 THM-3 型实验箱 8P 圆针插座中，按实验电路图 3-17（a）接线。

（1）接通±12V 电源。

（2）测量 u_i悬空时的 U_o=________。

（3）u_i输入 500Hz、峰-峰值为 2V 的正弦信为号，观察 $u_i\to u_o$波形，并记录在图 3-20（a）、图 3-20（b）中。

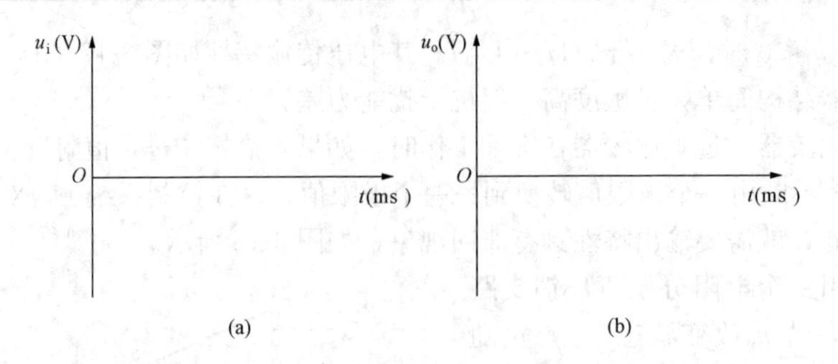

图 3-20 过零比较器的波形图

(a) 输入信号 u_i的波形；(b) 输出信号 u_o的波形

(4) 改变 u_i的幅值，测量传输特性曲线，将结果记录在图 3-21 中。

2. 反相滞回比较器

实验电路如图 3-22 所示。

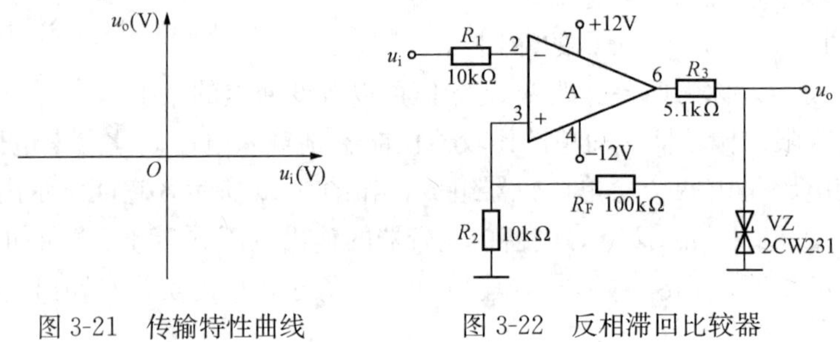

图 3-21 传输特性曲线 图 3-22 反相滞回比较器

(1) 按图 3-22 接线，打开直流开关，u_i接一个－4.2～＋4.2V 可调直流信号源作为 U_i(可采用实验箱中的直流可调信号源)，用万用表测出 U_i由＋4.2V→－4.2V 变化时 U_o值发生跳变时 U_i的临界值为____。

(2) 同上，测出 U_i由－4.2V→＋4.2V 变化时 U_S值发生跳变时 U_i的临界值为______ 。

(3) u_i接 500Hz，峰-峰值为 2V 的正弦信号，用双踪示波器观察并记录 u_i→u_o波形，并记录在图 3-23(a)、图 3-23(b) 中。

(4) 将分压支路 100kΩ 电阻改为 200kΩ，重复上述实验，测定传输特性，将结果记录在图 3-24 中。

*3. 同相滞回比较器

插入 μA741 型芯片后，按实验线路图 3-25 接线。

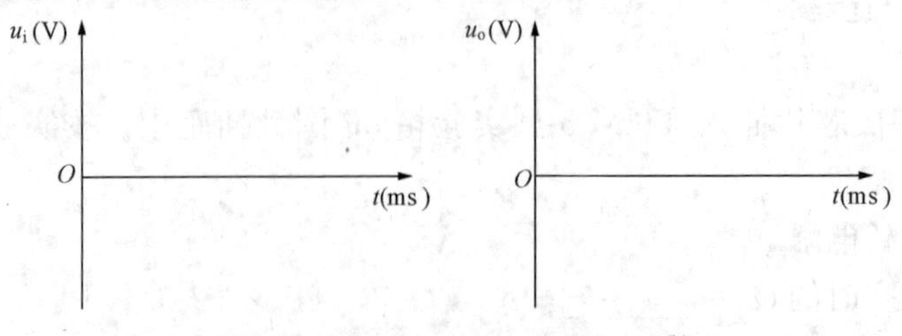

图 3-23 反相滞回比较器的波形图

(a) 输入信号 u_i的波形；(b) 输出信号 u_o的波形

（1）参照实验内容 2，自拟实验步骤及方法。

（2）将实验结果与实验内容 2 进行比较。

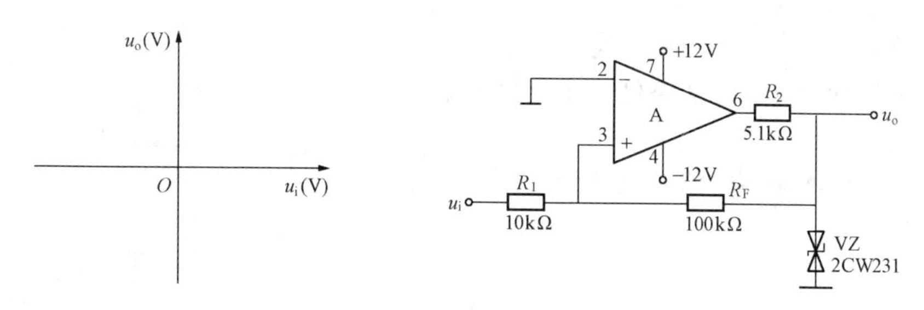

图 3-24　传输特性曲线　　　　图 3-25　同相滞回比较器

*4. 窗口比较器

参照图 3-19 自拟实验步骤和方法测定其传输特性。

六、实验思考题

（1）分析比较各种电压比较器的不同点和主要用途。

（2）集成运算放大器有哪些非线性应用？

实验七　正弦波发生器的设计（设计性）

一、实验目的

（1）学习用集成运放构成正弦波发生器。

（2）学习波形发生器的调整和主要性能指标的测试方法。

二、实验仪器设备

正弦波发生器电路设计实验所需仪器设备见表 3-26。

表 3-26　　　　实验仪器设备

序号	名称	型号规格	数量
1	模拟电路实验箱	THM-3	1
2	双踪示波器	V—252，20MHz	1
3	交流毫伏表	DF2170C	1
4	数字万用表	VC9801A+	1

三、预习要求

（1）复习教材中 RC 正弦波振荡电路的工作原理。

（2）根据设计任务和已知条件设计图 3-26 所示 RC 桥式振荡电路，计算并选取参数。

（3）利用仿真软件仿真设计的 RC 桥式振荡电路。

四、实验原理

1. 设计任务与要求

利用集成运算放大器设计 RC 桥式正弦波振荡电路。其正弦波输出为：

（1）振荡频率：1kHz。

（2）振荡频率测量值与理论值的相对误差＜±5%。

（3）电源电压变化为±1V时，振幅基本稳定。

（4）振荡波形对称，无明显非线性失真。

（5）根据设计要求和已知条件确定电路方案，计算并选取各元件参数。

（6）测量正弦波振荡电路的振荡频率，并与理论计算值相比较。

2. 电路设计原理

RC桥式振荡电路由RC串并联选频网络和同相放大电路组成，如图3-26所示。

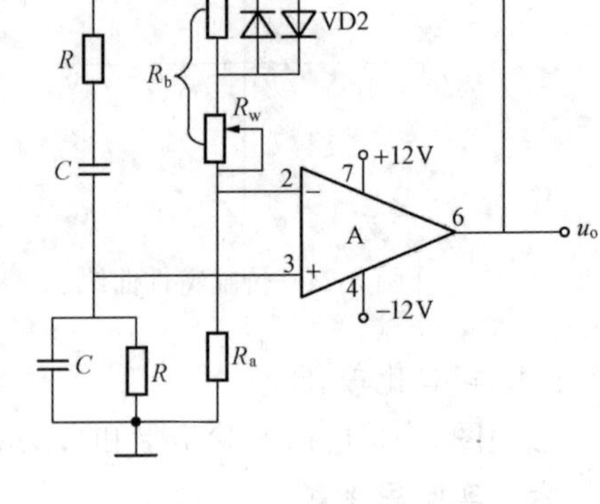

图3-26 RC桥式振荡电路

图中，RC选频网络形成正反馈电路，并由它决定振荡频率 f_0，R_a 和 R_b 形成负反馈回路，由它决定起振的幅值条件和调节波形的失真程度与稳幅控制，该电路的振荡频率为

$$f_0 = \frac{1}{2\pi RC}$$

起振幅值条件

$$\frac{R_a + R_b}{R_a} \geqslant 3$$

即

$$\frac{R_b}{R_a} \geqslant 2$$

其中，$R_b = R_w + R_1 // r_d$。r_d 为二极管的正向动态电阻。

3. 参数确定与元件选择

设计如图3-26所示振荡电路，需要确定和选择的元件如下：

（1）确定 R、C 值。根据设计所要求的振荡频率 f_0，由 $f_0 = \frac{1}{2\pi RC}$ 先确定 R、C 之积，

即
$$RC = \frac{1}{2\pi f_0}$$

为了使选频网络的选频特性尽量不受集成运算放大器的输入电阻 R_i 和输出电阻 R_o 的影响，应使 R 满足下列关系式，即

$$R_i \geqslant R \geqslant R_o$$

一般 R_i 约为几百千欧以上（如LM741型 $R_i \geqslant 0.3\text{M}\Omega$），而 R_o 仅为几百欧以下，初步选定 R 之后，由式 $RC = \frac{1}{2\pi f_0}$ 计算出电容 C，然后，再计算 R 取值足否能满足振荡频率的要求。

若考虑到电容 C 的标称档次较少，也可以先初选电容 C，再计算电阻 R。

（2）确定 R_a 和 R_b。电阻 R_a 和 R_b 应由起振的幅值条件来确定。由式 $\frac{R_b}{R_a} \geqslant 2$ 可知，通常取 $R_b =$（2.1～2.5）R_a，这样既能保证起振，也不致产生严重的波形失真。

此外，为了减小输入失调电流和漂移的影响，电路还应满足直流平衡条件，即

$$R = R_a // R_b$$

于是可导出

$$R_a = \left(\frac{3.1}{2.1} \sim \frac{3.5}{2.5}\right)R$$

（3）确定稳幅电路及元件值。常用的稳幅方法是利用 A_{uf} 随输出电压振幅上升而下降（负反馈加强）的自动调节作用实现稳幅。为此 R_a 可选用正温度系数的电阻（如钨丝灯泡），或 R_b 选用负温度系数的电阻（如热敏电阻）。

在图 3-26 中，稳幅电路由两只正反向并联的二极管 VD1、VD2 和电阻 R_1 并联组成，利用二极管正向动态电阻的非线性以实现稳幅，为了减小因二极管特性的非线性而引起的波形失真，在二极管两端并联小电阻 R_1，这是一种最简单易行的稳幅电路。

在选取稳幅元件时，应注意以下几点：

1）稳幅二极管 VD1、VD2 宜选用特性一致的硅管。

2）并联电阻 R_1 的取值不能过大（过大对削弱波形失真不利），也不能过小（过小稳幅效果差），实践证明，取 $R_1 \approx r_d$ 时效果最佳，通常 R_1 取 3～5kΩ 即可。

当 R_1 选定之后，R_w 的阻值可由下式求得

$$R = R_b - (R_1 // r_d) \approx R_b - \frac{R_1}{2}$$

（4）选择集成运算放大器。振荡电路中使用的集成运算放大器除要求输入电阻高、输出电阻低外，最主要的是运算放大器的增益一带宽积 $G \cdot BW$ 应满足如下条件，即

$$G \cdot BW > 3f_0$$

若设计要求的振荡频率 f_0 较低，则可选用任何型号的运算放大器（如通用型）。

（5）选择阻容元件。选择阻容元件时，应注意选用稳定性较好的电阻和电容（特别是串并联回路的 R、C），否则将影响频率的稳定性。此外，还应对 RC 串并联网络的元件进行选配，使电路中的电阻、电容分别相等。

五、实验内容与步骤

实验参考电路如图 3-26 所示。

（1）根据已知条件和设计要求计算和确定元件参数，并在实验电路板上搭接电路，检查无误后接通电源，进行调试。

（2）调节反馈电阻 R_w，使电路起振且波形失真最小，并观察电阻 R_w 的变化对输出波形 u_o 的影响。

（3）测量和调节参数，改变振荡频率，将测量数据与理论值相比较，直至满足设计要求为止，将测得的数据记录在表 3-27 中。

表 3-27　　正弦波发生器的数据记录

元件值		实测值		理论值	相对误差
R（kΩ）	C（μF）	t（ms）	f_0（Hz）	f_0^1（Hz）	$\Delta f_0/f_0^1$

六、实验思考题

（1）如图 3-26 所示 RC 桥式振荡电路中，若电路不能起振，应调节哪个参数？如何调整？

（2）如果要改变振荡频率，应如何实现？

实验八 串联型直流稳压电源（综合性）

一、实验目的

（1）熟悉串联型直流稳压电源的组成及各部分的作用。

（2）掌握串联型晶体管稳压电源主要技术指标的测试方法。

二、实验仪器设备

串联型直流稳压电源实验所需仪器设备见表 3-28。

表 3-28 实验仪器设备

序号	名称	型号规格	数量
1	模拟电路实验箱	THM-3	1
2	双踪示波器	V-252，20MHz	1
3	交流毫伏表	DF2170C	1
4	数字万用表	VC9801A+	1

三、预习要求

（1）复习教材中有关稳压电源的基本工作原理。

（2）利用仿真软件仿真本实验的实验内容。

（3）思考串联型直流稳压电源实现稳压的原理。

四、实验原理

图 3-27 是由分立元件组成的串联型稳压电源电路图。其整流部分为单相桥式整流、电容滤波电路。稳压部分为串联型稳压电路，由调整元件（晶体管 VT1）；比较放大器 VT2、R_7；取样电路 R_1、R_2、R_W，基准电压 VDW、R_3 和过电流保护电路 VT3 及电阻 R_4、R_5、R_6 等组成。整个稳压电路是一个具有电压串联负反馈的闭环系统，其稳压过程为：当电网

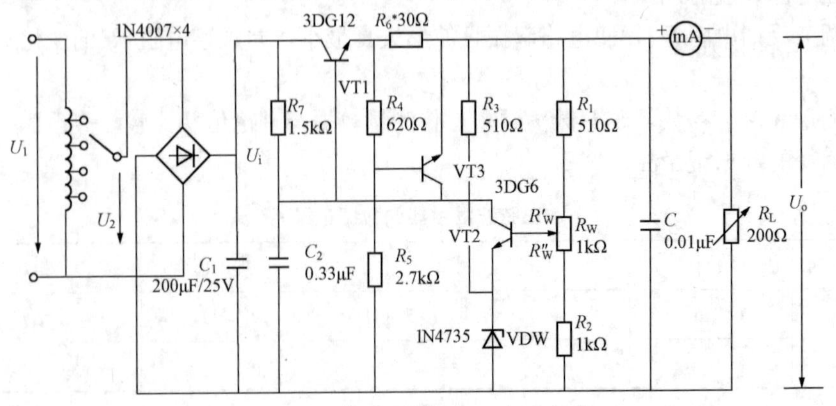

图 3-27 串联型稳压电源实验电路

电压波动或负载变动引起输出直流电压发生变化时，取样电路取出输出电压的一部分送入比较放大器，并与基准电压进行比较，产生的误差信号经 VT2 放大后送至调整管 VT1 的基极，使调整管改变其管压降，以补偿输出电压的变化，从而达到稳定输出电压的目的。

由于在稳压电路中，调整管与负载串联，因此流过它的电流与负载电流一样大。当输出电流过大或发生短路时，调整管会因电流过大或电压过高而损坏，所以需要对调整管加以保护。在图 3-27 电路中，晶体管 VT3、R_4、R_5、R_6组成减流型保护电路。此电路设计为$I_{0P}=1.2I_0$时开始起保护作用，此时输出电流减小，输出电压降低。故障排除后电路应能自动恢复正常工作。在调试时，若保护提前作用，应减少 R_6值；若保护作用滞后，则应增大 R_6值。

稳压电源的主要性能指标如下：

（1）输出电压 U_o和输出电压调节范围。即

$$U_o = \frac{R_1 + R_W + R_2}{R_2 + R''_W}(U_Z + U_{BE2})$$

式中　U_Z——稳压管 VDW 两端电压；

U_{BE2}——晶体三极管 VT2 基极和发射极之间的电压。

调节 R_W可以改变输出电压 U_o。

（2）最大负载电流 I_{0m}。

（3）输出电阻 R_o。输出电阻 R_o定义为：当输入电压 U_i（指稳压电路输入电压）保持不变，由于负载变化而引起的输出电压变化量与输出电流变化量之比，即

$$R_o = \frac{\Delta U_o}{\Delta I_o}\bigg| U_i = 常数$$

（4）稳压系数 S（电压调整率）。稳压系数定义为：当负载保持不变，输出电压相对变化量与输入电压相对变化量之比，即

$$S = \frac{\Delta U_o / U_o}{\Delta U_i / U_i}\bigg| R_L = 常数$$

由于工程上常把电网电压波动±10%作为极限条件，因此也有将此时输出电压的相对变化 $\Delta U_o/U_o$作为衡量指标，称为电压调整率。

（5）输出纹波电压。输出纹波电压是指在额定负载条件下，输出电压中所含交流分量的有效值（或峰值）。

五、实验内容与步骤

切断工频电源，按图 3-27 连接实验电路，测量串联型稳压电源的性能。

（1）初测。连接好实验电路后，接通 17V 工频电源，用万用表的交流挡测量整流电路输入电压 U_2，再用万用表的直流挡测量滤波电路输出电压 U_i（稳压器输入电压）及输出电压 U_o。调节电位器 R_W，观察 U_o的大小和变化情况，如果 U_o能跟随 R_W线性变化，这说明稳压电路各反馈环路工作基本正常，将测量数据记录在表 3-29 中。

表 3-29　初测实验数据

输入交流电压 U_2（V）	滤波输出直流电压 U_i（V）	调节 R_W时 U_o的变化情况

（2）测量输出电压可调范围。接入负载 R_L（滑线变阻器），调节电位器 R_W，测量输出电压可调范围 U_{omin}～U_{omax}。调节 R_W动点在中间位置附近时，使 U_o=12V，再调节 R_L，使输出电流

I_o≈100mA。若不满足要求，可适当调整 R_1、R_2之值，将测得的数据记录在表 3-30 中。

表 3-30　　输出电压可调范围实验数据

输出电压 U_{omin}（V）	输出电压 U_{omax}（V）

（3）测量各级静态工作点。调节输出电压 U_o=12V，输出电流 I_o=100mA，测量各级静态工作点，记入表 3-31。

表 3-31　　各级静态工作点（U_2=17V，U_o=12V，I_o=100mA）

测试值	VT1	VT2	VT3
U_B（V）			
U_C（V）			
U_E（V）			

（4）测量稳压系数 S。取 I_o=100mA，按表 3-32 改变整流电路输入电压 U_2（模拟电网电压波动），分别测出相应的稳压器输入电压 U_i及输出直流电压 U_o，记入表 3-32。

表 3-32　　稳压系数的测量（I_o=100mA）

测 试 值			计 算 值
U_2（V）	U_i（V）	U_o（V）	S
14			
17		12	

（5）测量输出电阻 R_o。取 U_2=17V，改变滑线变阻器位置，使 I_o为空载、100mA，测量相应的 U_o值，记入表 3-33。

表 3-33　　输出电阻的测量（U_2=16V）

测 试 值		计 算 值
I_o（mA）	U_o（V）	R_o（Ω）
空载		
100		

（6）测量输出纹波电压。纹波电压用示波器测量其峰-峰值 U_{0P-P}，或者用毫伏表直接测量其有效值，由于不是正弦波，有一定的误差。取 U_2=17V，U_o=12V，I_o=100mA，测量输出纹波电压 U_o，并记录 U_{0P-P}=________ 或 U_o= ________ 。

六 实验思考题

（1）为了使稳压电源输出电压 U_o=12V，则其输入电压的最小值 U_{0min}应等于多少？交流输入电压 U_{2min}又应如何确定？

（2）怎样提高稳压电源的性能指标？

实验九　音频放大器的设计及调试（综合设计性）

一、实验目的

（1）理解音频放大电路的工作原理。

（2）学会音频放大器整机电路系统的调试方法。

（3）掌握音频放大器主要性能指标的测试。

二、实验仪器设备

音频放大器的设计及测试实验所需仪器设备见表 3-34。

表 3-34 实验仪器设备

序号	名称	型号规格	数量
1	模拟电路实验箱	THM-3	1
2	函数信号发生器	TFG6930A	1
3	双踪示波器	V-252，20MHz	1
4	交流毫伏表	DF2170C	1
5	数字万用表	VC9801A+	1

三、预习要求

（1）复习实验一～实验八的实验内容。

（2）利用仿真软件仿真本实验的实验内容。

四、实验原理

1. 任务与要求

（1）综合利用实验一～实验八的实验内容，设计一音频放大器，可对话筒与音乐播放器的输出信号进行放大，其结构框图如图 3-28 所示。

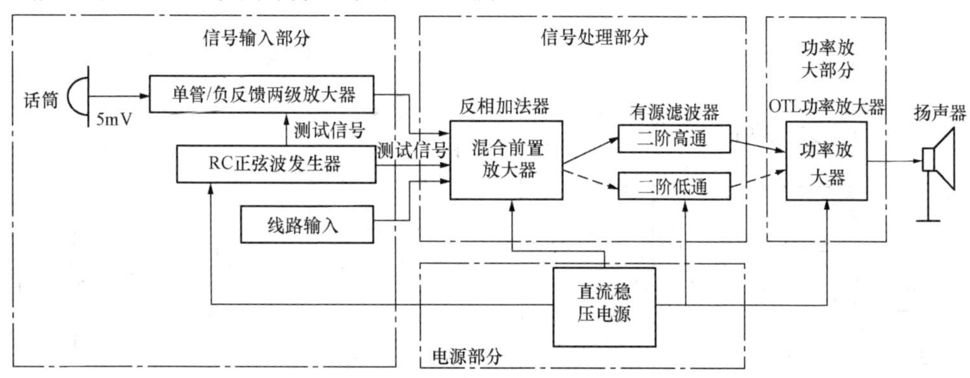

图 3-28 音频放大器的设计框图

（2）根据设计框图和已知条件确定电路方案，画出整机电路原理图。

（3）将各部分电路连接成一个音频信号放大器的电路系统，并进行整机调试，使电路处于最佳的工作状态。

2. 设计原理与参考电路

单管/负反馈放大器、功率放大器、负反馈放大器、混合前置放大器、二阶高通或低通电路、RC 正弦波发生器和直流稳压电源（也可用实验箱提供的电源供电）的电路原理和参考电路可参考实验一～实验八的实验内容，在此不再详述。

整机实验参考电路如图 3-29 所示。

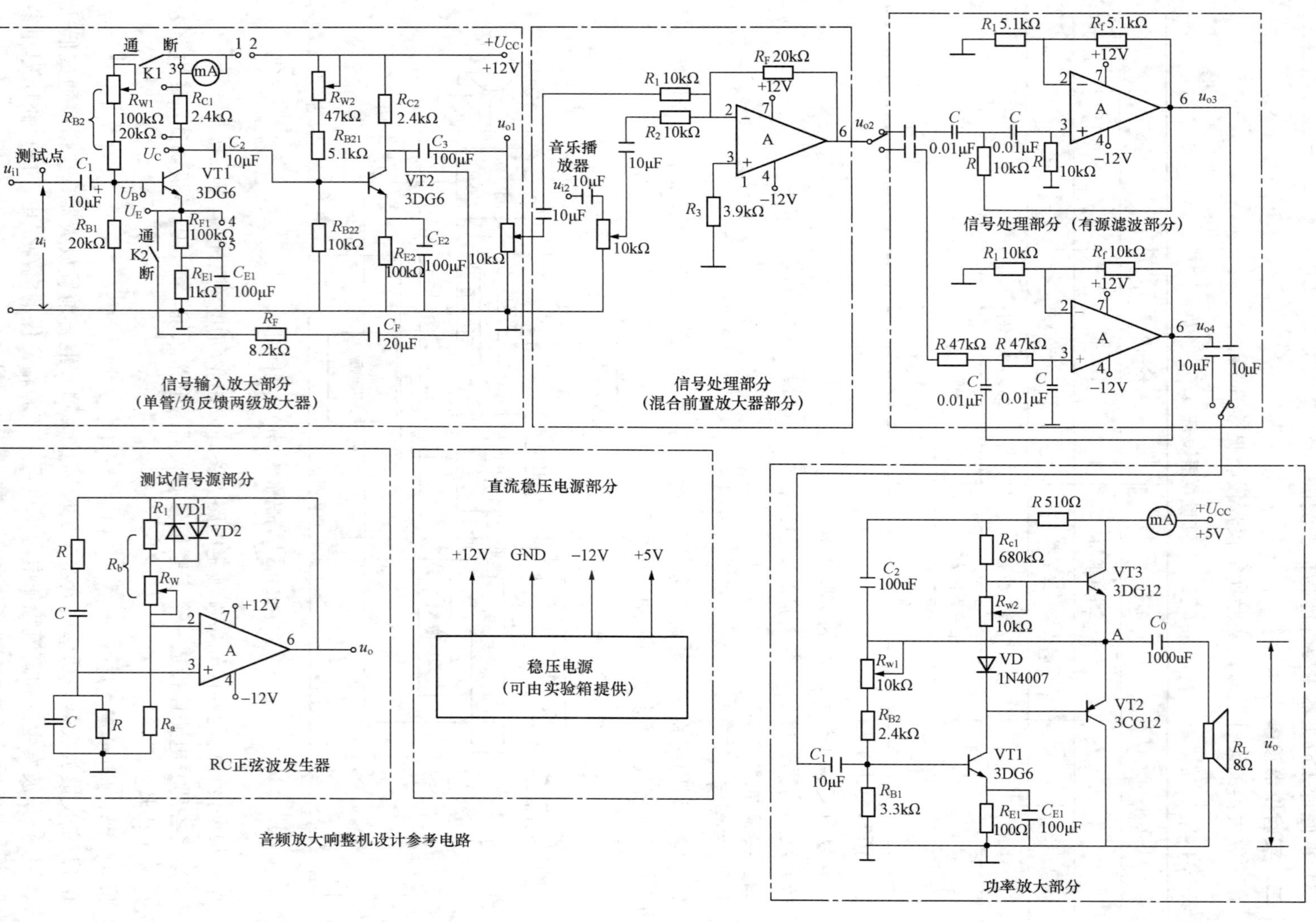

图 3-29 整机实验参考电路

五、实验内容与步骤

1. 实验电路的组装与调整

（1）先调整单管/负反馈两级放大器各级静态工作点，再调整 RC 正弦波发生器，让正弦波发生器输出约 40mV、1kHz 的正弦信号送到单管/负反馈两级放大器的输入端，调整放大器的电路参数，让放大器的放大倍数约为 6 倍。

（2）搭建信号处理部分的混合前置放大器和二阶高通或低通电路并进行调试，在混合前置放大器的输入端输入约 50mV、1kHz 的正弦信号，调整信号处理部分电路，使电路的放大倍数约为 4 倍。

（3）调整 OTL 功率放大器，使电路的放大倍数约为 20 倍。

（4）将各部分电路单独调试好后，再组合成一个音频信号放大器的电路系统。进行整机调试，直到满足电路的设计要求。

（5）在线路输入中接入音频信号，接通二阶高通或二阶低通电路，试听扬声器的声音变化情况，并用示波器观察语言和音乐信号的输出波形。

2. 测量电路主要性能指标的测试

（1）测量最大输出功率 P_{om}，将数据记录在表 3-35 中。

表 3-35　最大输出功率的测试

U_i（V）	U_{om}（V）	R_L（Ω）	P_{om}（W）

（2）输入灵敏度测试。根据输入灵敏度的定义，只要用交流毫伏表测出输出功率 $P_o=P_{om}$时的输入电压值 $U_i=$________ mV，即为输入灵敏度。

六、实验思考题

（1）在安装调试整机音频信号放大器时，与单元电路相比较，会出现哪些新问题？如何解决？

（2）在安装调试电路时，若电路出现自励现象时，应如何解决？

第四章 数字电子技术实验

实验一 集成逻辑门的功能参数测试和驱动连接（验证性）

一、实验目的

（1）理解 TTL 和 CMOS 集成与非门的逻辑功能。

（2）掌握 TTL 和 CMOS 集成逻辑门主要参数的测试方法。

（3）掌握集成逻辑电路相互衔接时应遵守的规则和实际衔接方法。

二、实验仪器设备与器件

集成逻辑门的功能参数测试和驱动连接实验所需仪器设备见表 4-1。

表 4-1 实验仪器设备与器件

序号	名称	型号规格	数量
1	数字电路实验箱	THD-2	1
2	数字万用表	VC9801A＋	1
3	集成逻辑门	74LS00	2
4	集成逻辑门	CC4001	1
5	电阻	3kΩ，100Ω，470Ω	各 1

三、预习要求

（1）复习 TTL 和 CMOS 集成与非门的内部结构与工作原理。

（2）复习 TTL 和 CMOS 与非门的主要参数含义，熟悉所用集成电路的引脚功能。

（3）利用仿真软件 Proteus 仿真本实验的实验内容。

四、实验原理

实验采用的二输入四与非门 74LS00 为一块集成块内含有四个相互独立的与非门，每个与非门有两个输入端。其引脚排列与图形符号如图 4-1 所示。

实验采用的二输入四或非门 CC4001 为一块集成块内含有四个相互独立的或非门，每个或非门有两个输入端。其图形符号与引脚排列如图 4-2 所示。

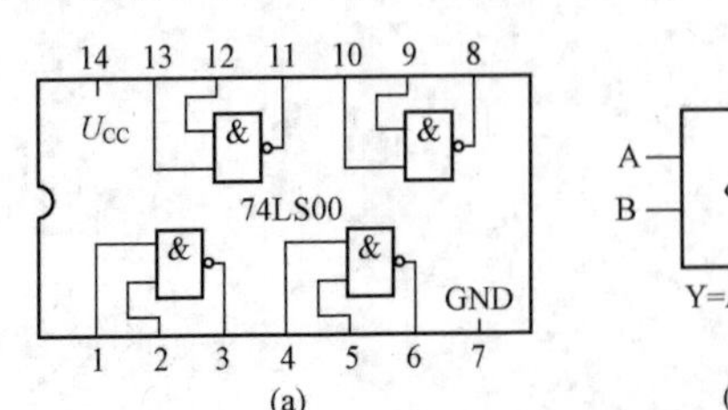

图 4-1 74LS00 引脚排列及图形符号
（a）引脚排列；（b）图形符号

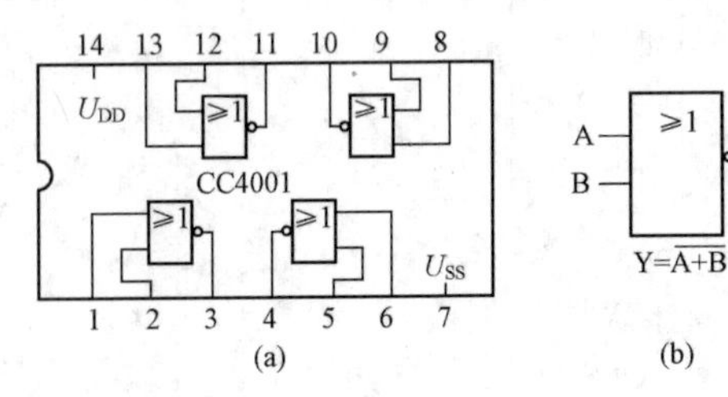

图 4-2 CC4001 引脚排列及图形符号
（a）引脚排列；（b）图形符号

1. 与非门和或非门的逻辑功能

与非门的逻辑功能为：当输入端中有一个或一个以上是低电平时，输出端为高电平；只有当输入端全部为高电平时，输出端才是低电平，即有“0”得“1”，全“1”得“0”。其逻辑表达式为：$Y=\overline{AB}$。

或非门的逻辑功能为：当输入端中有一个或一个以上是高电平时，输出端为低电平；只有当输入端全部为低电平时，输出端才为高电平，即有“1”得“0”，全“0”得“1”。其逻辑表达式为：$Y=\overline{A+B}$。

2. TTL 与非门的主要参数

（1）低电平输入电流 I_{iL}和高电平输入电流 I_{iH}。I_{iL}是指被测输入端接地，其余输入端悬空，输出端空载时，由被测输入端流出的电流值。在多级门电路中，I_{iL}相当于前级门输出低电平时，后级向前级门灌入的电流，因此它关系到前级门的灌电流负载能力，即直接影响前级门电路带负载的个数，因此希望 I_{iL}小些。I_{iH}是指被测输入端接高电平，其余输入端接地，输出端空载时，流入被测输入端的电流值。在多级门电路中，它相当于前级门输出高电平时，前级门的拉电流负载，其大小关系到前级门的拉电流负载能力，因此希望 I_{iH}小些。由于 I_{iH}较小，难以测量，一般免于测试。I_{iL}的测试电路如图 4-3 所示。

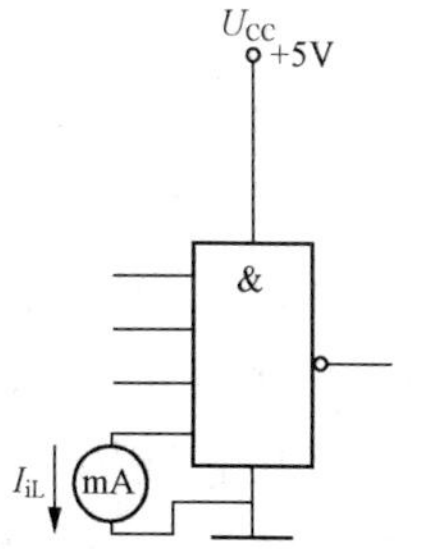

图 4-3　I_{iL}的测试电路

（2）扇出系数 N_o。扇出系数 N_o是指门电路能驱动同类门的个数，它是衡量门电路负载能力的重要参数。TTL 与非门有两种不同性质的负载，即灌电流负载和拉电流负载，因此有两种扇出系数，即低电平扇出系数 N_{oL}和高电平扇出系数 N_{oH}。通常 $I_{iH}<I_{iL}$，则 $N_{oH}>N_{oL}$，故常以 N_{oL}作为门电路的扇出系数。

N_{oL}的测试电路如图 4-4 所示，门的输入端全部悬空，输出端接灌电流负载 R_L，调节 R_L使 I_{oL}增大，V_{oL}随之增高，当 V_{oL}达到 V_{oLm}（低电平规范值 0.4V）时的 I_{oL}就是允许灌入的最大负载电流，则 $N_{oL}=\dfrac{I_{oL}}{I_{iL}}$，通常 $N_{oL}\geqslant 8$。

（3）电压传输特性。门电路的输出电压 U_o随输入电压 U_i而变化的曲线 $U_o=f(U_i)$ 称为门电路的电压传输特性。电压传输特性的测试电路如图 4-5 所示，采用逐点测试法，即调节 R_W，逐点测得 U_i及 U_o，然后绘制曲线。

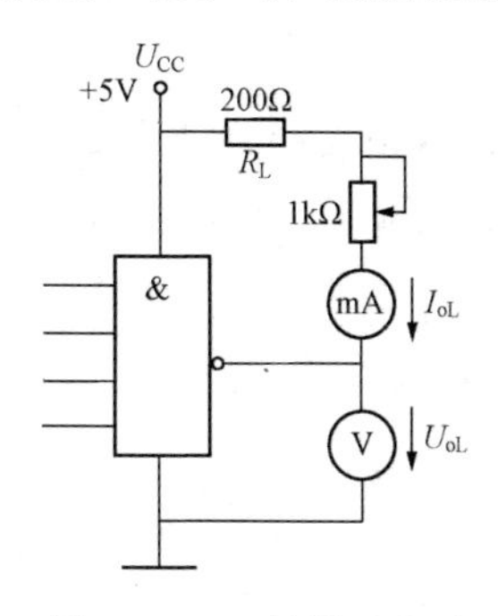

图 4-4　N_{oL}的测试电路

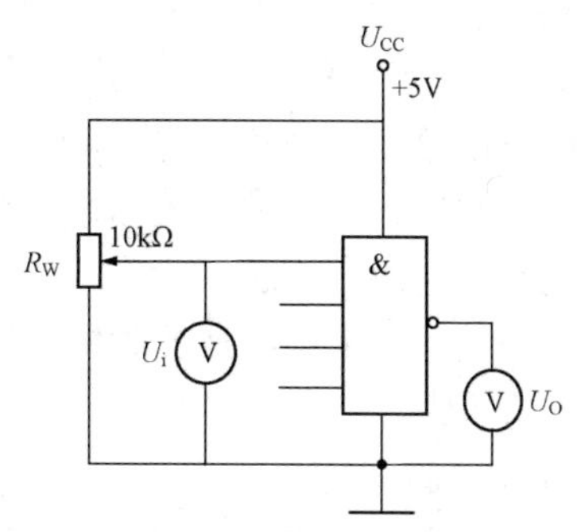

图 4-5　电压传输特性的测试电路

3. CMOS 集成门电路特点

CMOS 集成门电路是将 N 沟道 MOS 管和 P 沟道 MOS 管同时用于一个集成电路中，成为组合两种沟道 MOS 管性能更优良的集成电路。CMOS 管集成电路的主要优点有：

（1）功耗低。其静态工作电流在10^{-9}A 数量级，在所有数字集成电路中最低，而 TTL 器件的功耗则大得多。

（2）高输入阻抗。通常大于$10^{10}\Omega$，远高于 TTL 器件的输入阻抗。

（3）接近理想的传输特性。输出高电平可达电源电压的 99.9%以上，低电平可达电源电压的 0.1%以下，因此输出逻辑电平的摆幅很大，噪声容限很高。

（4）电源电压范围广。可在+3～+18V 范围内正常运行。

（5）由于有很高的输入阻抗，要求驱动电流很小，约 0.1μA，输出电流在+5V 电源下约为 500μA，远小于 TTL 电路，如以次电流来驱动同类门电路，则其扇出系数将非常大。在一般低频率时，无需考虑扇出系数，但在高频时，后级门的输入将成为主要负载，使其扇出能力下降，所以在较高频率工作时，CMOS 电路的扇出系数一般取 10～20。

CMOS 与 TTL 门电路的内部结构不同，但它们的逻辑功能完全一样，主要参数的定义及测试方法也相似。

4. TTL 电路输入输出电路性质

当输入端为高电平时，输入电流是反向二极管的漏电流，电流极小。其方向是从外部流入输入端。当输入端处于低电平时，电流由电源 V_{CC}经内部电路流出输入端，电流较大，当与上一级电路衔接时，将决定上一级电路的负载能力。

高电平输出电压在负载不大时为 3.5V 左右。低电平输出时，允许后级电路灌入电流，随着灌入电流的增加，输出低电平将升高，一般 LS 系列 TTL 门电路允许灌入 8mA 电流，即可吸收后级 20 个 LS 系列标准门的灌入电流。最大允许低电平输出电压为 0.4V。

5. CMOS 电路输入输出电路性质

一般 CC 系列 CMOS 门电路的输入阻抗可高达 $10^{10}\Omega$，输入电容在 5pF 以下，输入高电平通常要求 3.5V 以上，输入低电平通常为 1.5V 以下。因 CMOS 电路的输出结构具有对称性，故对高、低电平具有相同的输出能力，负载能力较小，仅可驱动少量的 CMOS 电路。当输出端负载很轻时，输出高电平将十分接近电源电压；输出低电平时将十分接近地电位。

高速 CMOS 电路 54/74HC 系列中的子系列 54/74HCT，其输入电平与 TTL 电路完全相同，因此在相互替代时，不需考虑电平的匹配问题。

6. 集成逻辑电路的衔接

在实际的数字电路系统中总是将一定数量的集成逻辑电路按需要前后连接起来。这时，前级电路的输出将与后级电路的输入相连并驱动后级电路工作。这就存在电平的配合和负载能力这两个需要妥善解决的问题。

可用下列几个表达式来说明连接时所要满足的条件：

U_{oH}（前级）$\geqslant U_{iH}$（后级）

U_{oL}（前级）$\leqslant U_{iL}$（后级）

I_{oH}（前级）$\geqslant nI_{iH}$（后级）

I_{oL}（前级）$\geqslant nI_{iL}$（后级）

其中，n 为后级门的数目。

（1）TTL 门电路与 TTL 门电路的连接。TTL 集成逻辑电路的所有系列，由于电路结构形式相同，电平配合比较方便，不需要外接元件即可直接连接，不足之处是受低电平时负载能力的限制。

（2）TTL门电路驱动CMOS门电路。TTL门电路驱动CMOS门电路时，由于CMOS门电路的输入阻抗高，故驱动电流一般不会受到限制，但在电平配合问题上，低电平是可以的，高电平时有困难，这是因为TTL门电路在满载时，输出高电平通常低于CMOS门电路对输入高电平的要求。因此为保证TTL输出高电平时后级的CMOS门电路能可靠工作，通常要外接一个上拉电阻R，使输出高电平达到3.5V以上，R取值为2～6.2kΩ较合适，这时TTL后级的CMOS门电路的数目实际上没有什么限制。TTL门电路驱动CMOS门电路如图4-6所示。

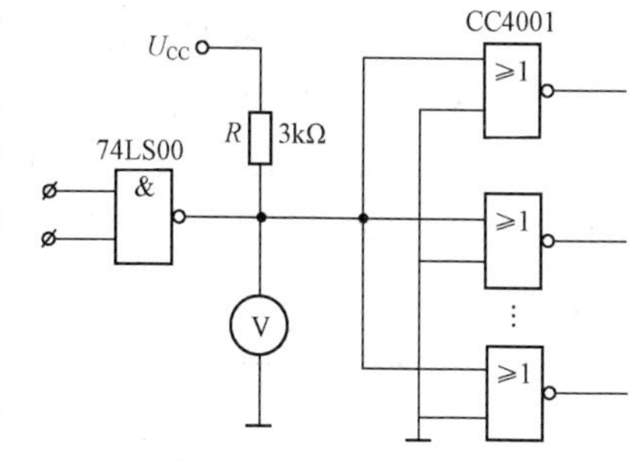

图4-6 TTL门电路驱动CMOS门电路

（3）CMOS电路驱动TTL电路。CMOS电路的输出电平能满足TTL对输入电平的要求，而驱动电流将受限制，主要是低电平时的负载能力。表4-2列出了一般CMOS电路驱动TTL电路时的扇出系数，从表中可见，除了74HC系列外，其他CMOS电路驱动TTL电路的能力都较低。

表4-2　　CMOS电路驱动TTL电路的扇出系数

型　号	LS-TTL	L-TTL	TTL	ASL-TTL
CC4001B系列	1	2	0	2
MC14001B系列	1	2	0	2
MM74HC及74HCT系列	10	20	2	20

若既要使用其他（除74HC系列）系列CMOS电路又要提高其驱动能力时，可采用以下两种方法：

1）采用CMOS驱动器，如CC4049、CC4050系列是专门设计的具有较大驱动能力的CMOS电路。

2）几个同功能的CMOS电路并联使用，即将其输入端并联，输出端并联（TTL电路是不允许并联的）。

（4）CMOS电路与CMOS电路的衔接。CMOS电路之间的连接十分方便，无需另加外接元件。对直流参数来讲，一个CMOS电路可带动的CMOS电路数量是不受限制的，但在实际使用时，应当考虑后级门输入电容对前级门的传输速度的影响，电容太大时，传输速度将下降，因此在高速使用时要从负载电容来考虑，例如CC4000T系列。CMOS电路在10MHz以上速度运用时应限制在20个门以下。

五、实验内容与步骤

1. 验证TTL集成与非门74LS00和CMOS或非门CC4001的逻辑功能

在THD-2型实验箱适当位置选取两个14P插座，按定位标记分别插好74LS00和CC4001集成块，与非门逻辑功能测试电路按实验电路图4-7接线。注意：接线前先将实验箱左上角的总电源开关断开。门的两个输入端接逻辑开关输出插口，开关向上提供逻辑电平

"1"，开关向下提供逻辑电平"0"。门的输出端接由LED发光二极管组成的逻辑电平显示器的显示插口，LED亮为逻辑"1"，不亮为逻辑"0"。按表4-3的与非门真值表逐个测试集成块中四个与非门的逻辑功能。按照同样方法自拟表格，测试CC4001四个或非门的逻辑功能。

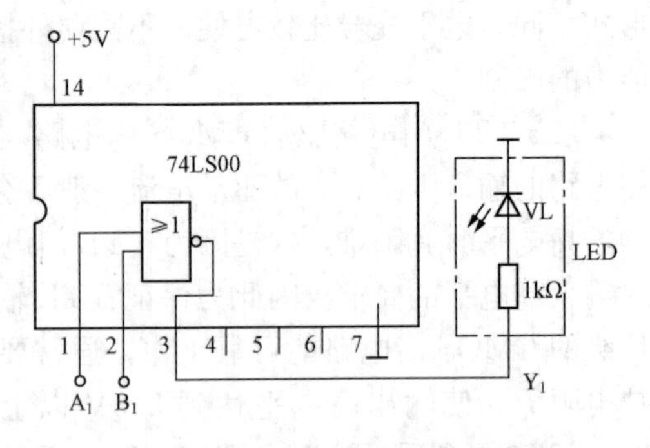

图4-7 与非门逻辑功能测试电路

2. 74LS00主要参数测试

(1) 分别按图4-3、图4-4接线并进行测试，将测试结果记入表4-4中。

表4-3 与非门真值表

输入		输出			
A_n	B_n	Y_1	Y_2	Y_3	Y_4
0	0				
0	1				
1	0				
1	1				

表4-4 74LS00主要参数测试表

I_{iL} (mA)	I_{oL} (mA)	$N_o=\frac{I_{oL}}{I_{iL}}$

(2) 按图4-5接线，调节电位器R_W，使U_i从0V向高电平变化，逐点测量U_i和U_o的对应值，记入表4-5的电压传输特性测试表中，画出电压传输特性曲线并加以分析。

表4-5 74LS00电压传输特性测试表

U_i (V)	0	0.2	0.4	0.6	0.8	0.9	1.0	1.1	1.2	1.5	2.0	2.5	3.0
U_o (V)													

3. TTL电路驱动CMOS电路

用74LS00的一个门来驱动CC4001的四个门，实验电路见图4-6，R取3kΩ。测量连接3kΩ与不连接3kΩ电阻时74LS00的输出高低电平及CC4001的逻辑功能。电路的输入端接逻辑电平开关输出插口，四个输出端分别接逻辑电平显示的输入插口。自拟表格，观测记录74LS00的输出电平和CC4001的逻辑功能。

六、实验思考题

(1) TTL与非门和TTL或非门对多余输入端的处理有何异同之处？

(2) TTL门电路和CMOS门电路对多余输入端的处理有何异同之处？

(3) 不同集成门电路的衔接应如何正确处理？

实验二　组合逻辑电路的设计与测试（设计性）

一、实验目的

（1）掌握组合逻辑电路的设计与测试方法。

（2）掌握中规模集成数据选择器和二进制译码器的逻辑功能及使用方法。

（3）掌握用二进制译码器实现组合逻辑函数的原理与步骤。

二、实验仪器设备与器件

组合逻辑电路的设计与测试实验所需仪器设备见表4-6。

表4-6　实验仪器设备与器件

序号	名称	型号规格	数量
1	数字电路实验箱	THD-2	1
2	数字万用表	VC9801A+	1
3	集成逻辑门	74LS00、74LS20、74LS138	各1

三、预习要求

（1）复习用中规模集成电路实现组合逻辑函数的基本原理与步骤。

（2）如何用最简单的方法验证与非门和二进制译码器芯片的逻辑功能是否完好？

（3）利用仿真软件Proteus仿真本实验的实验内容。

四、实验原理

1. 使用中、小规模集成电路设计实现组合电路最常见的逻辑电路

设计组合电路的一般流程图如图4-8所示。

根据设计任务的要求建立输入、输出变量，并列出真值表；然后用公式化简法或卡诺图化简法求出简化的逻辑表达式，并按实际选用逻辑门的类型修改逻辑表达式；再根据简化后的逻辑表达式，画出逻辑图，用标准器件构成逻辑电路；最后，用实验来验证设计的正确性。

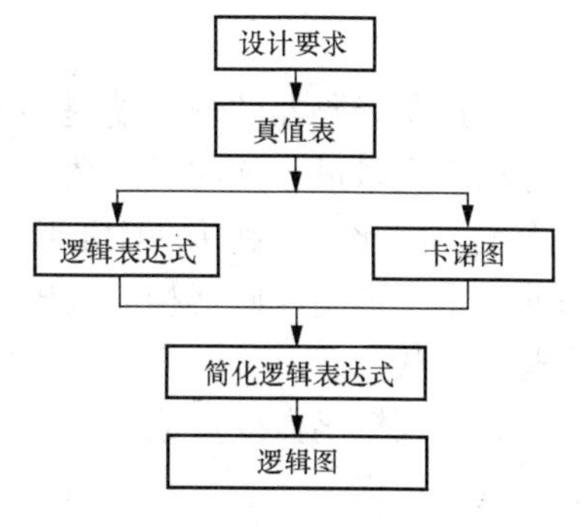

图4-8　组合逻辑电路设计流程图

2. 用与非门设计一个表决电路

设计要求输出信号Z的电平与三个输入信号A、B、C中的多数电平一致，设计步骤如下：

（1）根据题意列出三输入表决电路真值表见表4-7。

表4-7　三输入表决电路真值表

A	B	C	Z	A	B	C	Z
0	0	0	0	1	0	0	0
0	0	1	0	1	0	1	1
0	1	0	0	1	1	0	1
0	1	1	1	1	1	1	1

（2）进行化简得逻辑表达式为Z＝AB＋AC＋BC。

（3）画逻辑图——用与非门实现。

1）求最简与非-与非表达式，即

$$Z=\overline{\overline{AB+AC+BC}}=\overline{\overline{AB}\,\overline{AC}\,\overline{BC}}$$

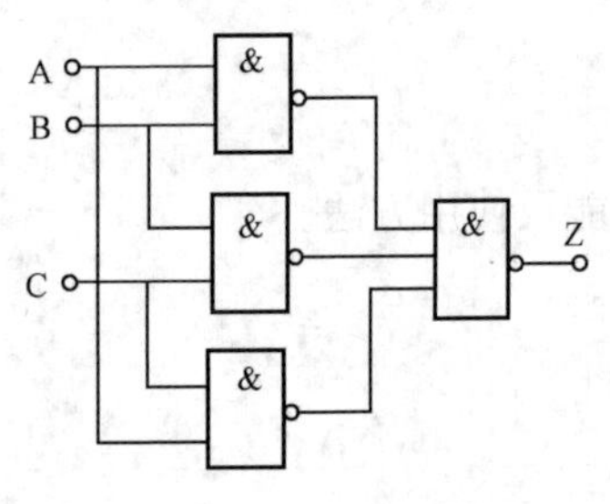

图 4-9　三输入表决电路逻辑图

2）根据逻辑表达式画出用与非门构成的三输入表决电路逻辑图如图 4-9 所示。

（4）用实验验证逻辑功能。在实验箱适当位置选定四个 14P 插座，按照集成块定位标记插好 74LS00 型和 74LS20 型集成块。按图 4-9 接线，输入端 A、B、C 接至逻辑电平开关输出插口，输出端 Z 接逻辑电平显示输入插口，按预先自拟真值表要求，逐次改变输入变量，测量相应的输出值，验证逻辑功能，与表 4-7 进行比较，验证所设计的逻辑电路功能是否符合要求。

3. 用 74LS138 型二进制译码器实现组合逻辑函数

图 4-10 所示为 74LS138 型二进制译码器的引脚排列图和输出端表达式。

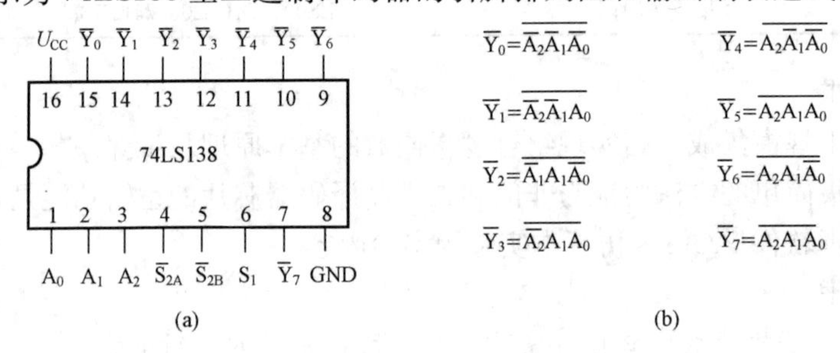

图 4-10　74LS138 型二进制译码器引脚排列图及输出端表达式

（a）74LS138 引脚排列图；（b）输出端表达式

二进制译码器的输出端提供了其输入变量的全部最小项，二进制译码器的输出端所提供的是输入变量最小项的反函数，由于任何组合逻辑函数都可以表示成若干个最小项之和的标准形式，因此可以利用两次取反的方法，得到其由最小项构成的与非一与非表达式。只要用与非门把二进制译码器相应输出信号组合起来，即可利用二进制译码器和与非门实现任何组合逻辑函数。

（1）根据函数变量数与译码器输入二进制代码位数相等的原则，选择集成二进制译码器的类型和规格。

（2）由函数标准与或表达式，利用两次取反法写出函数的标准与非一与非表达式。

（3）确认译码器和与非门输入信号的表达式。按照函数变量的排列顺序和译码器输入信号—地址变量的对应关系，选出译码器输出中的有关信号，作为与非门的全部输入信号。

（4）画连线图。根据译码器和与非门输入信号的表达式画连线图，并通过实验验证其逻辑功能。

五、实验内容与步骤

1. 设计并实验验证用与非门组成的三输入表决电路

按照实验原理所述的设计步骤进行，直到测试电路逻辑功能符合设计要求为止，将测试结果填入自拟测试表格中。

2. 使用74LS138型二进制译码器和必要的门电路，设计三输入表决电路

按照实验原理所述的设计步骤设计连线图，在实验箱适当位置选定一个14P插座和一个16P插座，按照集成块定位标记插好集成块74LS20和74LS138，接好连线，按照自拟真值表要求测试电路逻辑功能，直至电路逻辑功能符合设计要求为止。

实验所用74LS20型四输入二与非门引脚排列与内部功能框图如图4-11所示。

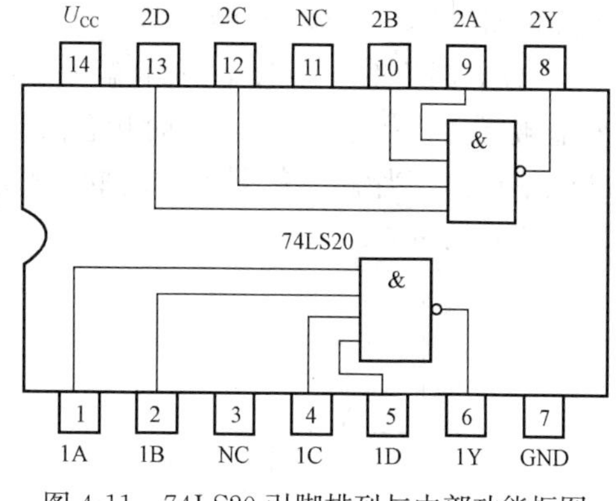

图4-11　74LS20引脚排列与内部功能框图

六、实验思考题

（1）若要利用数据选择器来实现三输入表决电路功能，应如何设计？

（2）使用数据选择器或二进制译码器实现组合逻辑函数分别具有什么特点？

实验三　触发器及其应用（验证性）

一、实验目的

（1）掌握基本RS、JK、D和T触发器的逻辑功能。

（2）掌握集成触发器的逻辑功能及使用方法。

（3）掌握触发器之间相互转换的方法。

二、实验仪器设备与器件

触发器及其应用实验所需仪器设备见表4-8。

表4-8　实验仪器设备与器件

序号	名称	型号规格	数量
1	数字电路实验箱	THD-2	1
2	双踪示波器	V-252，20MHz	1
3	集成逻辑门	74LS00、74LS112、74LS74	各1

三、预习要求

（1）复习触发器的工作原理与相互间的转换方法。

（2）列出各触发器功能测试表格，拟定设计部分内容实验方案。

（3）利用仿真软件Proteus仿真本实验的实验内容。

四、实验原理

触发器具有两个稳定状态，用以表示逻辑状态“1”和“0”，在一定的外界信号作用下，可以从一个稳定状态翻转到另一个稳定状态。触发器是一个具有记忆功能的二进制信息存贮器件，是构成各种时序电路的最基本逻辑单元。

1. 基本RS触发器

由两个与非门交叉耦合构成的基本RS触发器如图4-12所示，它是无时钟控制低电平直

接触发的触发器。基本 RS 触发器具有置“0”、置“1”和“保持”三种功能。通常称 $\overline{S}$ 为置“1”端，因为 $\overline{S}=0(\overline{R}=1)$ 时触发器被置“1”；$\overline{R}$ 为置“0”端，因为 $\overline{R}=0(\overline{S}=1)$ 时触发器被置“0”；当 $\overline{S}=\overline{R}=1$ 时状态保持；$\overline{S}=\overline{R}=0$ 时，触发器的 Q 和 $\overline{Q}$ 输出均为 1，逻辑功能不正常，当输入信号同时撤销时触发器状态不定，应避免此种情况发生。基本 RS 触发器功能表见表 4-9。

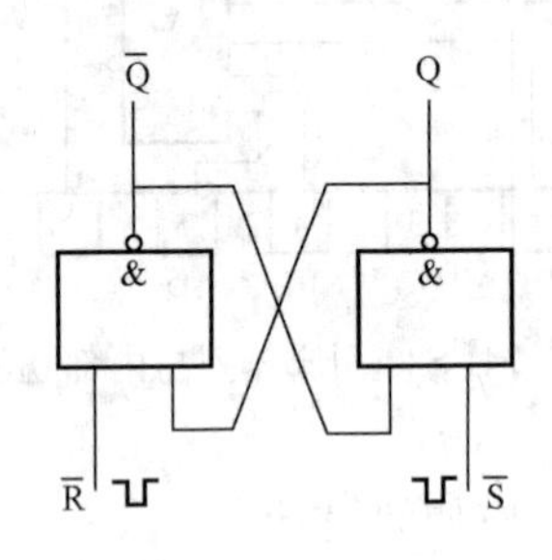

图 4-12 基本 RS 触发器

表 4-9 基本 RS 触发器功能表

输入		输出	
$\overline{S}$	$\overline{R}$	Q^{n+1}	$\overline{Q}^{n+1}$
0	1	1	0
1	0	0	1
1	1	Q^n	$\overline{Q}^n$
0	0	ϕ	ϕ

注 ϕ—不定态。

基本 RS 触发器也可以用两个或非门组成，此时为高电平触发有效。

2. JK 触发器

JK 触发器是功能完善、使用灵活和通用性较强的常用触发器。74LS112 型双 JK 触发器是下降沿触发的边沿触发器，其引脚功能及图形符号如图 4-13 所示。

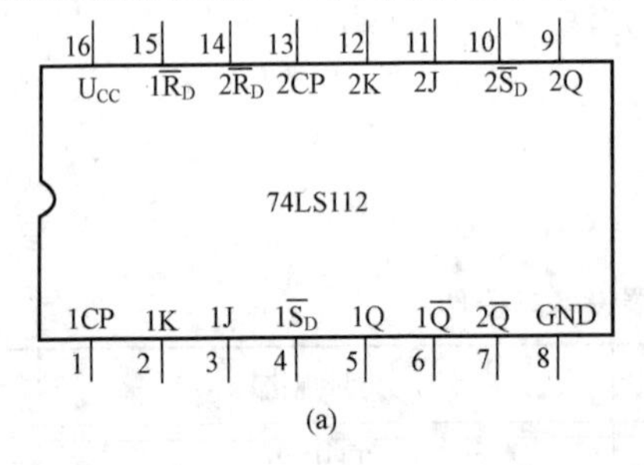

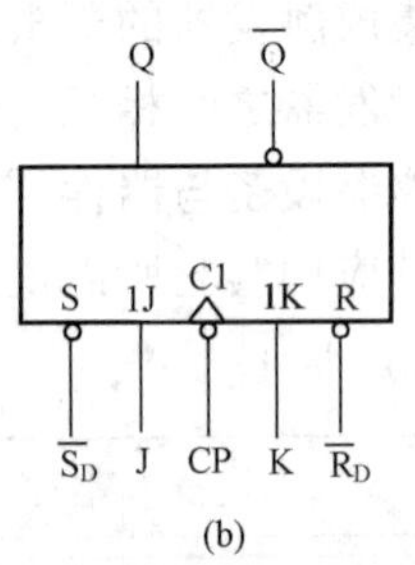

图 4-13 74LS112 型双 JK 触发器引脚排列图及图形符号

(a) 74LS112 引脚排列图；(b) 逻辑符号

J 和 K 是数据输入端，是触发器状态更新的依据。若 J、K 有两个或两个以上输入端时，组成“与”的关系。Q 与 $\overline{Q}$ 为两个互补输出端。通常把 Q=0、$\overline{Q}$=1 的状态定为触发器“0”状态；把 Q=1，$\overline{Q}$=0 定为“1”状态。

JK 触发器的状态方程为：$Q^{n+1}=J\,\overline{Q}^n+\overline{K}\,Q^n$，下降沿触发 JK 触发器的功能表见表 4-10。

表 4-10 下降沿触发 JK 触发器功能表

输入					输出	
$\overline{S}_D$	$\overline{R}_D$	CP	J	K	Q^{n+1}	$\overline{Q}^{n+1}$
0	1	×	×	×	1	0
1	0	×	×	×	0	1

续表

输　入					输　出	
$\overline{S}_D$	$\overline{R}_D$	CP	J	K	Q^{n+1}	$\overline{Q}^{n+1}$
0	0	×	×	×	φ	φ
1	1	↓	0	0	Q^n	$\overline{Q}^n$
1	1	↓	1	0	1	0
1	1	↓	0	1	0	1
1	1	↓	1	1	$\overline{Q}^n$	Q^n
1	1	↑	×	×	Q^n	$\overline{Q}^n$

注　×—任意态；↓—由高到低电平跳变；↑—由低到高电平跳变；Q^n（$\overline{Q}^n$）—现态；Q^{n+1}（$\overline{Q}^{n+1}$）—次态；φ—不定态。

3. D触发器

在输入信号为单端的情况下，D触发器使用起来最为方便，其状态方程为：$Q^{n+1}=D$。若D触发器输出状态的更新发生在CP脉冲的上升沿，则称为上升沿触发的边沿D触发器，触发器的状态只取决于时钟到来前D端的状态。

74LS74型双D触发器的引脚排列及图形符号如图4-14所示，其功能表见表4-11。

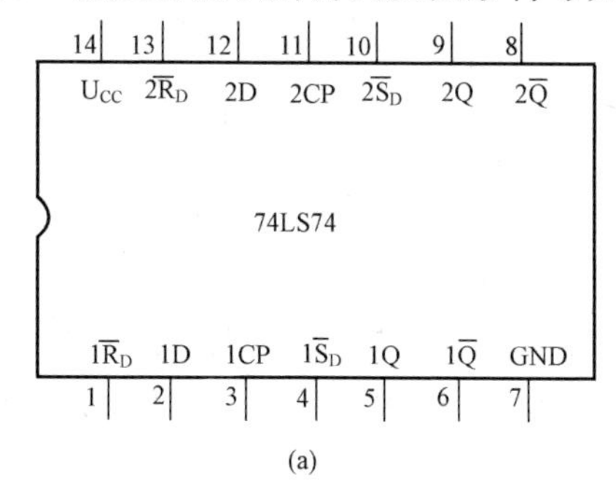

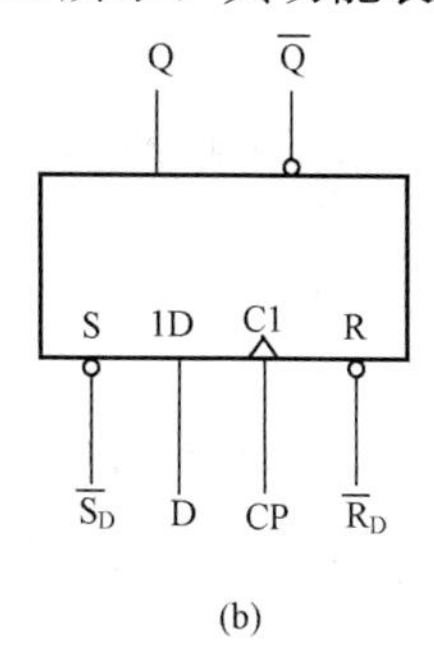

图4-14　74LS74型双D触发器引脚排列及图形符号

(a) 74LS74引脚排列图；(b) 图形符号

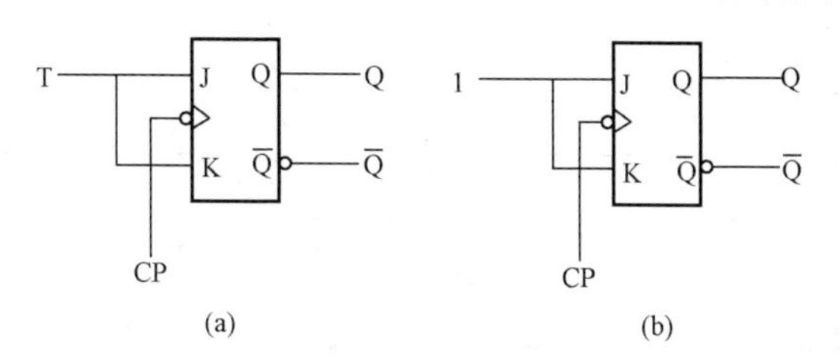

图4-15　JK触发器转换为T、T′触发器

(a) T触发器；(b) T′触发器

4. 触发器之间的相互转换

在集成触发器产品中，每一种触发器都有自己固定的逻辑功能。但可以利用转换的方法获得具有其他功能的触发器。

(1) 将JK触发器的J、K两端连在一起称为T端，就得到所需的T触发器，转换电路如图4-15(a)所示，其状态方程为$Q^{n+1}=T\overline{Q}^n+\overline{T}Q^n$，功能表见表4-12。

(2) 若将T触发器的T端置“1”，如图4-15(b)所示，即得T′触发器。在T′触发器的CP端每来一个CP脉冲信号，触发器的状态就翻转一次，故称之为反转触发器，广泛用于计数电路中。

表 4-11　74LS74 型 D 触发器功能表

输入				输出	
$\overline{S}_D$	$\overline{R}_D$	CP	D	Q^{n+1}	$\overline{Q}^{n+1}$
0	1	×	×	1	0
1	0	×	×	0	1
0	0	×	×	ϕ	ϕ
1	1	↑	1	1	0
1	1	↑	0	0	1
1	1	↓	×	Q^n	$\overline{Q}^n$

表 4-12　T 触发器功能表

输入				输出
$\overline{S}_D$	$\overline{R}_D$	CP	T	Q^{n+1}
0	1	×	×	1
1	0	×	×	0
1	1	↓	0	Q^n
1	1	↓	1	$\overline{Q}^n$

（3）将 D 触发器 $\overline{Q}$ 端与 D 端相连，便转换成 T′触发器，转换图如图 4-16 所示。

（4）JK 触发器转换为 D 触发器的转换图如图 4-17 所示。

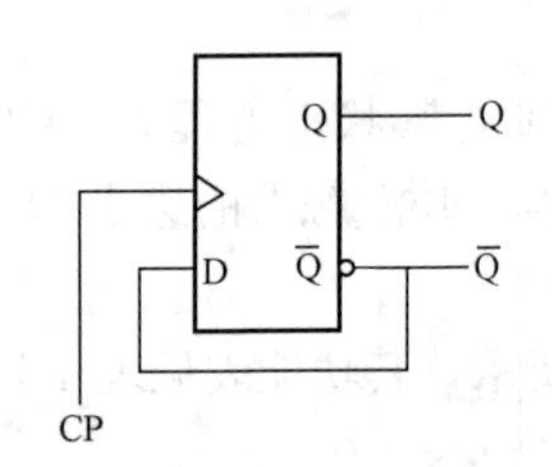

图 4-16　D 触发器转换成 T′触发器

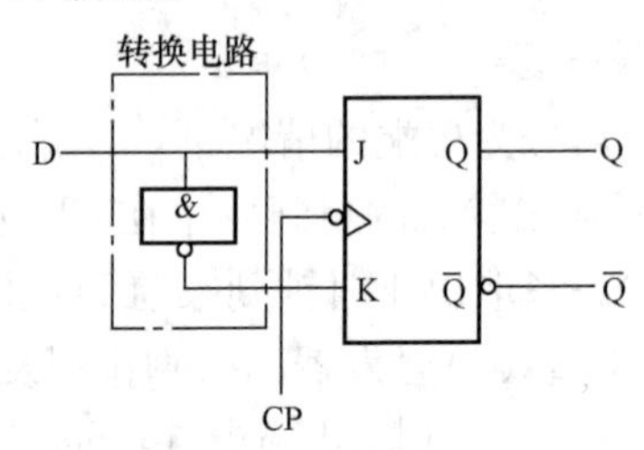

图 4-17　JK 触发器转换成 D 触发器

五、实验内容与步骤

1. 测试基本 RS 触发器的逻辑功能

按图 4-12 所示，用两个与非门组成基本 RS 触发器，输入端 $\overline{R}$、$\overline{S}$ 接逻辑电平开关的输出插口，输出端 Q、$\overline{Q}$ 接逻辑电平显示输入插口，按表 4-13 基本 RS 触发器功能表的要求测试并记录。

表 4-13　基本 RS 触发器功能表

$\overline{R}$	$\overline{S}$	Q	$\overline{Q}$
1	1→0		
	0→1		
1→0	1		
0→1			
0	0		

2. 测试 74LS112 型双 JK 触发器的逻辑功能

（1）测试 $\overline{R}_D$、$\overline{S}_D$ 的复位、置位功能。任取一只 JK 触发器，$\overline{R}_D$、$\overline{S}_D$、J、K 端接逻辑电平开关输出插口，CP 端接单次脉冲源，Q、$\overline{Q}$ 端接至逻辑电平显示输入插口。改变 $\overline{R}_D$，$\overline{S}_D$（J、K、CP 处于任意状态），并在 $\overline{R}_D=0$（$\overline{S}_D=1$）或 $\overline{S}_D=0$（$\overline{R}_D=1$）作用期间任意改变 J、K 及 CP 的状态，观察 Q、$\overline{Q}$ 的状态，记入自拟表格中。

（2）测试 JK 触发器的逻辑功能。按表 4-14 74LS112 型双 JK 触发器逻辑功能表的要求改变 J、K、CP 端状态，观察 Q、$\overline{Q}$ 状态变化及触发器状态更新是否发生在 CP 脉冲的下降沿（即 CP 由 1→0），记入表 4-14 中。现态 Q^n 的值可由 $\overline{R}_D$ 和 $\overline{S}_D$ 来获得。

表 4-14　　74LS112 型双 JK 触发器逻辑功能表

J	K	CP	Q^{n+1}	
			$Q^n=0$	$Q^n=1$
0	0	0→1		
		1→0		
0	1	0→1		
		1→0		
1	0	0→1		
		1→0		
1	1	0→1		
		1→0		

（3）将 JK 触发器的 J、K 端连在一起接高电平"1"，构成 T′触发器。在 CP 端输入 1Hz 连续脉冲，观察 Q 端的变化。在 CP 端输入 1kHz 连续脉冲，用双踪示波器观察 CP、Q、$\overline{Q}$ 端波形，注意相位关系，并描绘、记录后分析。

3. 测试 74LS74 型双 D 触发器的逻辑功能

（1）测试 $\overline{R}_D$、$\overline{S}_D$ 的复位、置位功能。测试方法同实验内容 2（1），自拟表格记录。

（2）测试 D 触发器的逻辑功能。按表 4-15 74LS74 型双 D 触发器逻辑功能表的要求进行测试，并观察触发器状态更新是否发生在 CP 脉冲的上升沿（即由 0→1），记录于表 4-15 中。现态 Q^n 的值可由 $\overline{R}_D$ 和 $\overline{S}_D$ 来获得。

表 4-15　　74LS74 型双 D 触发器逻辑功能表

D	CP	Q^{n+1}	
		$Q^n=0$	$Q^n=1$
0	0→1		
	1→0		
1	0→1		
	1→0		

（3）将 D 触发器的 $\overline{Q}$ 端与 D 端相连接，构成 T′触发器。测试方法同实验内容 2（3），记录之。

4. 双相时钟脉冲电路

用 JK 触发器及与非门构成的双相时钟脉冲电路如图 4-18 所示，此电路是用来将时钟脉冲 CP 转换成两相时钟脉冲 CP_A 及 CP_B，其频率相同、相位不同。

分析电路工作原理，并按图 4-18 接线，用双踪示波器同时观察 CP、CP_A 及 CP_B 的波形，并描绘、记录后分析。

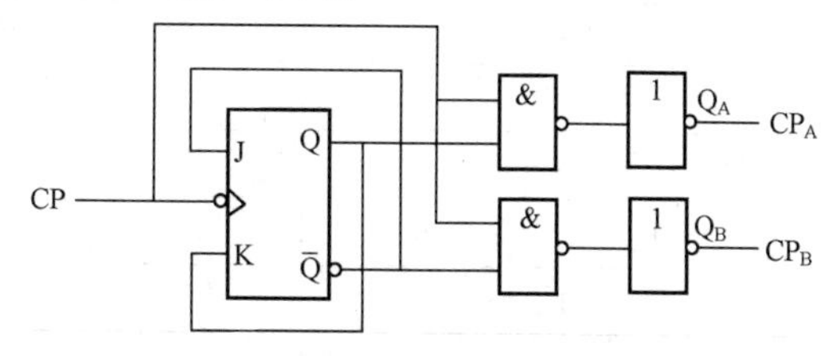

图 4-18　双相时钟脉冲电路

六、实验思考题

（1）触发器的 $\overline{R}_D$、$\overline{S}_D$ 端有何作用？触发器逻辑功能测试中如何设定初态 Q^n？

（2）利用普通的机械开关组成的数据开关所产生的信号是否可作为触发器的时钟脉冲信号？为什么？是否可以用作触发器的其他输入端的信号？又是为什么？

实验四　计数、译码、显示综合实验（综合性）

一、实验目的

（1）熟悉计数、译码、显示电路的工作原理及电路结构。

（2）了解计数器、译码器和显示器的逻辑功能。

（3）熟练运用计数器、译码器和显示集成组件进行计数显示。

二、实验仪器设备与器件

计数、译码、显示综合实验所需仪器设备见表 4-16。

表 4-16　实验仪器设备与器件

序号	名称	型号规格	数量
1	数字电路实验箱	THD-2	1
2	数字万用表	VC9801A＋	1
3	集成逻辑门	74LS00、74LS192、74LS20	各 1

三、预习要求

（1）复习使用集成计数器构成 N 进制计数器的原理和方法。

（2）采用同步清零或异步清零方式获得的 N 进制计数器各有何特点？

（3）利用仿真软件 Proteus 仿真本实验的实验内容。

四、实验原理

该实验电路由计数、译码、显示三部分构成。

1. 计数单元采用集成电路 74LS192

74LS192 是由四组触发器按 8421BCD 码形式构成的十进制可逆计数器，它具有双时钟输入，可进行加法和减法计数，具有异步清零、异步置数和状态保持的功能。74LS192 引脚排列如图 4-19 所示，其逻辑功能表见表 4-17。

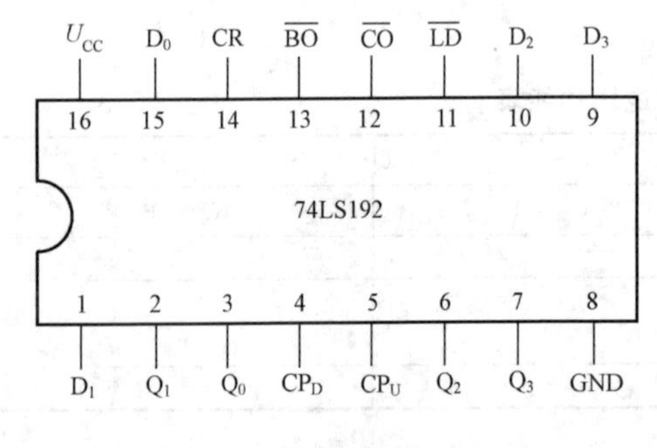

图 4-19　74LS192 引脚排列图

表 4-17　74LS192 逻辑功能表

输入		输出
CR $\overline{LD}$ CP_U CP_D	D_3 D_2 D_1 D_0	Q_3 Q_2 Q_1 Q_0
1 × × ×	× × × ×	0 0 0 0
0 0 × ×	d_3 d_2 d_1 d_0	d_3 d_2 d_1 d_0
0 1 ↑ 1	× × × ×	加法计数
0 1 1 ↑	× × × ×	减法计数
0 1 1 1	× × × ×	保持

2. 数码显示译码器

（1）七段发光二极管（LED）数码管。LED 数码管是目前最常用的数字显示器，LED 数码管内部电路及符号引脚如图 4-20 所示。共阴管和共阳管的连接分别如图 4-20（a）和（b）所示，图 4-20（c）为两种不同连接形式的引脚功能图。

一个 LED 数码管可用来显示一位 0～9 十进制数和一个小数点。小型数码管（0.5in 和 0.36in 1in=2.54mm）每段 LED 的正向压降，随显示光（通常为红、绿、黄、橙色）的颜色不同略有差别，通常为 2～2.5V，每个 LED 的点亮电流为 5～10mA。LED 数码管要显示 BCD 码所表示的十进制数字就需要有一个专门的译码器，该译码器不但要完成译码功能，还要有相当的驱动能力。

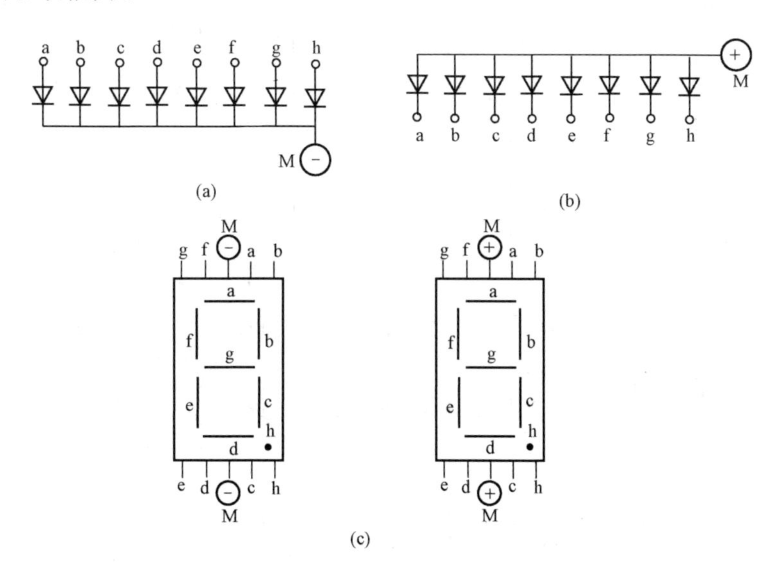

图 4-20　LED 数码管内部电路及符号引脚
（a）共阴连接（“1”电平驱动）；（b）共阳连接（“0”电平驱动）；
（c）符号及引脚功能

（2）BCD 码七段译码驱动器。此类译码器型号有 74LS47（共阳）、74LS48（共阴）、CC4511（共阴）型等，本实验采用 CC4511 型 BCD 码锁存/七段译码/驱动器，驱动共阴极 LED 数码管。CC4511 引脚排列如图 4-21 所示。

如图 4-21 所示，A、B、C、D 为四位 BCD 码输入端，a、b、c、d、e、f、g 为七段译码输出端，输出“1”有效，用来驱动共阴极 LED 数码管。$\overline{LT}$为测试输入端（$\overline{LT}$=“0”时，译码输出全为“1”），$\overline{BI}$为消隐输入端（$\overline{BI}$=“0”时，译码输出全为“0”），LE 为锁定端［LE=“1”时译码器处于锁定（保持）状态，译码输出保持在 LE=0 时的数值，LE=0 为正常译码］。

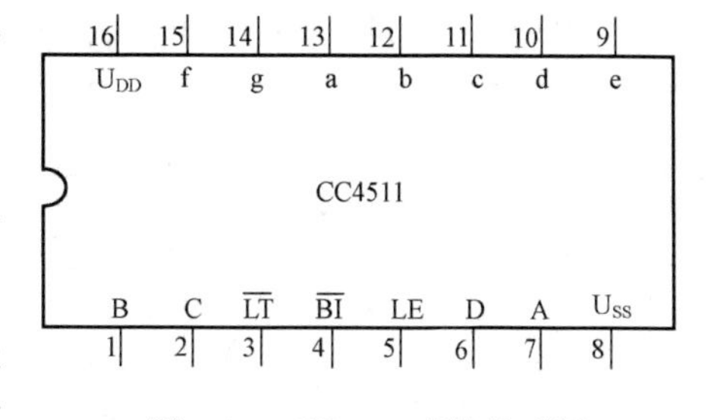

图 4-21　CC4511 引脚排列图

CC4511 功能表见表 4-18。CC4511 内接有上拉电阻，故只需在输出端与数码管笔段之间串入限流电阻即可工作。译码器还有拒伪码功能，当输入码超过 1001 时，输出全为“0”，数码管熄灭。

表 4-18　　CC4511 功能表

输入							输出							
LE	$\overline{BI}$	$\overline{LT}$	D	C	B	A	a	b	c	d	e	f	g	显示字形
×	×	0	×	×	×	×	1	1	1	1	1	1	1	8
×	0	1	×	×	×	×	0	0	0	0	0	0	0	消隐
0	1	1	0	0	0	0	1	1	1	1	1	1	0	0
0	1	1	0	0	0	1	0	1	1	0	0	0	0	1
0	1	1	0	0	1	0	1	1	0	1	1	0	1	2
0	1	1	0	0	1	1	1	1	1	1	0	0	1	3
0	1	1	0	1	0	0	0	1	1	0	0	1	1	4
0	1	1	0	1	0	1	1	0	1	1	0	1	1	5
0	1	1	0	1	1	0	0	0	1	1	1	1	1	6
0	1	1	0	1	1	1	1	1	1	0	0	0	0	7
0	1	1	1	0	0	0	1	1	1	1	1	1	1	8
0	1	1	1	0	0	1	1	1	1	0	0	1	1	9
0	1	1	1	0	1	0	0	0	0	0	0	0	0	消隐
0	1	1	1	0	1	1	0	0	0	0	0	0	0	消隐
0	1	1	1	1	0	0	0	0	0	0	0	0	0	消隐
0	1	1	1	1	0	1	0	0	0	0	0	0	0	消隐
0	1	1	1	1	1	0	0	0	0	0	0	0	0	消隐
0	1	1	1	1	1	1	0	0	0	0	0	0	0	消隐
1	1	1	×	×	×	×	锁存							锁存

在本数字电路实验装置上已完成了CC4511型译码器和BS202型数码管之间的连接。实验时，只要接通＋5V电源和将十进制数的BCD码接至译码器的相应输入端A、B、C、D，即可显示0～9的数字。四位数码管可接受四组BCD码输入。CC4511与LED数码管的连接如图4-22所示。

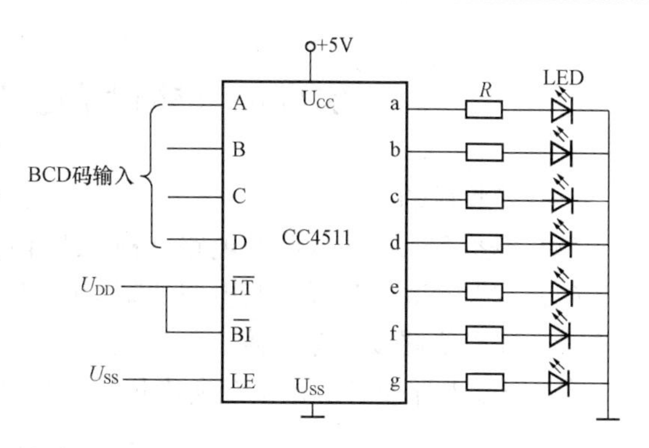

图4-22　CC4511驱动一位LED数码管

3. 十进制加/减法计数与显示电路

计数、译码与显示电路端口连线图如图4-23所示。将加法时钟信号接到74LS192型可逆十进制计数器的CP_U端（减法时钟信号接到CP_D端），清零端CR接无效电平"0"，置数端$\overline{LD}$接无效电平"1"，则可实现十进制加法（减法）计数与显示电路功能。

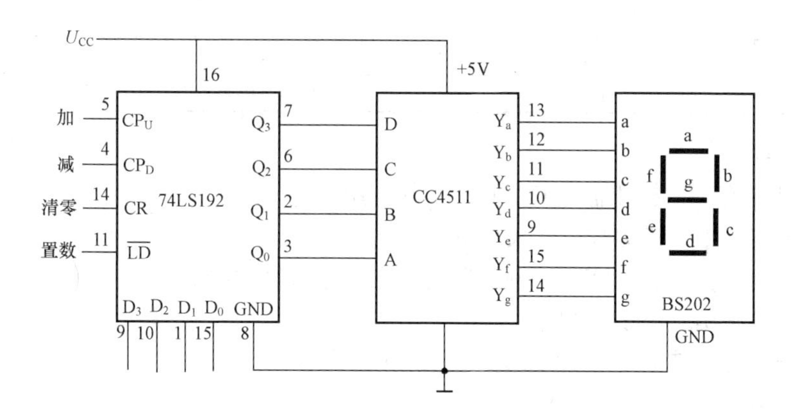

图4-23　74LS192、CC4511与数码显示管相应端口连接图

五、实验内容与步骤

（1）按照图4-23在实验箱上将74LS192、CC4511及数码管的相应端口连接好，检验74LS192在十进制加法和十进制减法计数状态下，对应数码管的显示情况。

（2）利用74LS192和必要的逻辑门（可采用与非门74LS00或74LS20），实现一个N进制加法计数器（N的值自拟定，$N<10$）。参照图4-23画出电路连线图，验证电路功能并将七段数码管显示情况记录下来。

（3）利用74LS192和必要的逻辑门（可采用与非门74LS00或74LS20）实现一个N进制减法计数器（N的值自拟定，$N<10$）。参照图4-23画出电路连线图，验证电路功能并将七段数码管显示情况记录下来。

六、实验思考题

（1）使用集成计数器实现N进制计数器时，所设计的加法计数器与减法计数器，它们的归零逻辑有何不同？计数有效状态顺序有何不同？

（2）若采用置数法，加法计数器的置数逻辑与减法计数器的置数逻辑有何不同？使用置数法时需要注意哪些事项？

（3）如果要将计数的进位（借位）输出显示出来，在实验箱上如何实现？

实验五　555时基电路及其应用（验证性）

一、实验目的

（1）熟悉555型集成时基电路结构、工作原理及其特点。

（2）掌握555型集成时基电路的基本应用。

二、实验仪器设备与器件

555时基电路及其应用实验所需仪器设备见表4-19。

表4-19　实验仪器设备与器件

序号	名称	型号规格	数量
1	数字电路实验箱	THD-2	1
2	双踪示波器	V-252，20MHz	1
3	集成逻辑门	555	2
4	二极管	2CK13	2
5	其他	电位器，电阻，电容	若干

三、预习要求

（1）复习有关555定时器的工作原理及其应用。

（2）拟定实验中所需的数据、表格等。

（3）如何用示波器测定施密特触发器的电压传输特性曲线。

（4）拟定各次实验的步骤和方法。

（5）利用仿真软件Proteus仿真本实验的实验内容。

四、实验原理

集成时基电路又称为集成定时器或555电路，是一种数字、模拟混合型的中规模集成电路，应用十分广泛。它是一种产生时间延迟和多种脉冲信号的电路，由于内部电压标准使用了三个5kΩ电阻，故取名555电路。其电路类型有双极型和CMOS型两大类，二者的结构与工作原理类似。几乎所有的双极型产品型号最后的三位数码都是555或556；所有的CMOS产品型号最后四位数码都是7555或7556，二者的逻辑功能和引脚排列完全相同，易于互换。555和7555是单定时器，556和7556是双定时器。双极型的电源电压$U_{CC}=+5\sim+15V$，输出的最大电流可达200mA，CMOS型的电源电压为$+3\sim+18V$。

1. 555电路的工作原理

555电路的内部电路框图如图4-24所示。它含有两个电压比较器，一个基本RS触发器，一个放电开关管VT，比较器的参考电压由三只5kΩ的电阻器构成的分压器提供。且高电平比较器A1的同相输入端和低电平比较器A2的反相输入端的参考电平分别为$\frac{2}{3}U_{CC}$和$\frac{1}{3}U_{CC}$。A1与A2的输出端控制RS触发器状态和放电管开关状态。当输入信号自引脚6，即高电平触发输入并超过参考电平$\frac{2}{3}U_{CC}$时，触发器复位，555的输出端引脚3输出低电平，同时放电开关管导通；当输入信号自引脚2输入并低于$\frac{1}{3}U_{CC}$时，触发器置位，555的引脚3

输出高电平，同时放电开关管截止。$\overline{R}_D$ 是复位端（引脚 4），当 $\overline{R}_D=0$，555 输出低电平。平时 $\overline{R}_D$端开路或接 U_{CC}。

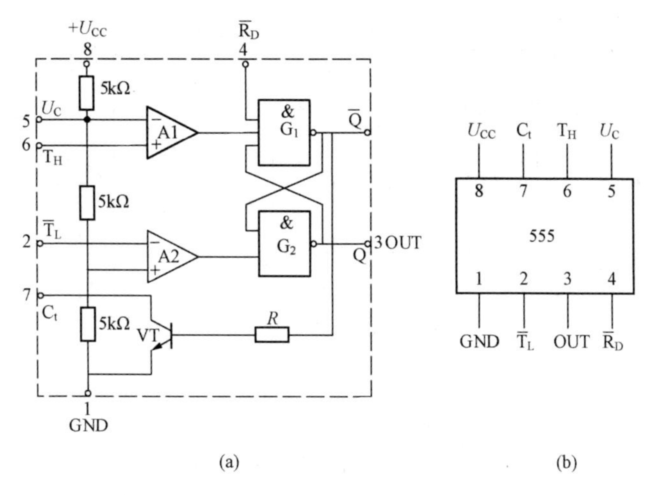

图 4-24　555 定时器内部框图及引脚排列

(a) 555 定时器内部框图；(b) 引脚排列

U_C是控制电压端（引脚 5），平时输出$\frac{2}{3}U_{CC}$作为比较器 A1 的参考电压，当引脚 5 外接一个输入电压，即改变比较器的参考电平，从而实现对输出的另一种控制，在不接外加电压时，通常接一个 0.01μF 的电容器到地，起滤波作用，以消除外来的干扰，确保参考电平的稳定。

VT 为放电管，当 VT 导通时，将给接于引脚 7 的电容器提供低阻放电通路。

555 定时器主要是与电阻、电容构成充放电电路，并由两个比较器来检测电容器上的电压，以确定输出电平的高低和放电开关管的通断，构成从微秒到数十分钟的延时电路，可方便地构成单稳态触发器，多谐振荡器，施密特触发器等脉冲产生或波形变换电路。

2. 555 定时器的典型应用

(1) 构成单稳态触发器。图 4-25(a) 为由 555 定时器和外接定时元件 R、C 构成的单稳态触发器。触发电路由 C_1、R_1、VD 构成，其中 VD 为钳位二极管。稳态时 555 电路输入端处于电源电平，内部放电开关管 VT 导通，输出端 F 输出低电平，当有一个外部负脉冲触发信号经 C_1加到 2 端，并使 2 端电位瞬时低于$\frac{1}{3}U_{CC}$，低电平比较器动作，单稳态电路即开始一个暂态过程，电容 C 开始充电，U_C按指数规律增长。当 U_C充电到$\frac{2}{3}U_{CC}$时，高电平比较器动作，比较器 A1 翻转，输出 U_o从高电平返回低电平，放电开关管 VT 重新导通，电容 C 上的电荷很快经放电开关管放电，暂态结束，恢复稳态，为下个触发脉冲的到来做好准备。单稳态触发器波形如图 4-25(b) 所示。

暂稳态的持续时间 t_w（即为延时时间）决定于外接元件 R、C 值的大小。即

$$t_w=1.1RC$$

通过改变 R、C 的大小，可使延时时间在几微秒到几十分钟之间变化。当这种单稳态电路作为计时器时，可直接驱动小型继电器，并可以使用复位端（引脚 4）接地的方法来中止

暂态，重新计时。此外尚需用一个续流二极管与继电器线圈并接，以防继电器线圈反电动势损坏内部功率管。

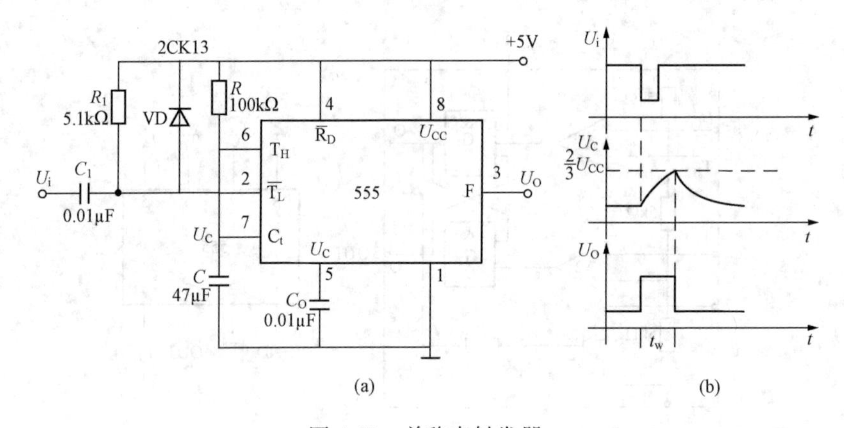

图 4-25 单稳态触发器

(a) 555 定时器构成的单稳态触发器；(b) 波形图

(2) 构成多谐振荡器。如图 4-26(a) 所示，由 555 定时器和外接元件 R_1、R_2、C 构成多谐振荡器，引脚 2 与引脚 6 直接相连。电路没有稳态，仅存在两个暂稳态，电路亦不需要外加触发信号，利用电源通过 R_1、R_2 向 C 充电，以及 C 通过 R_2 向放电端 C_t 放电，使电路产生振荡。电容 C 在 $\frac{1}{3}U_{CC}$ 和 $\frac{2}{3}U_{CC}$ 之间充电和放电，其波形如图 4-26(b) 所示。输出信号的时间参数为

$$T = t_{w1} + t_{w2},\ t_{w1} = 0.7(R_1 + R_2)C,\ t_{w2} = 0.7R_2C$$

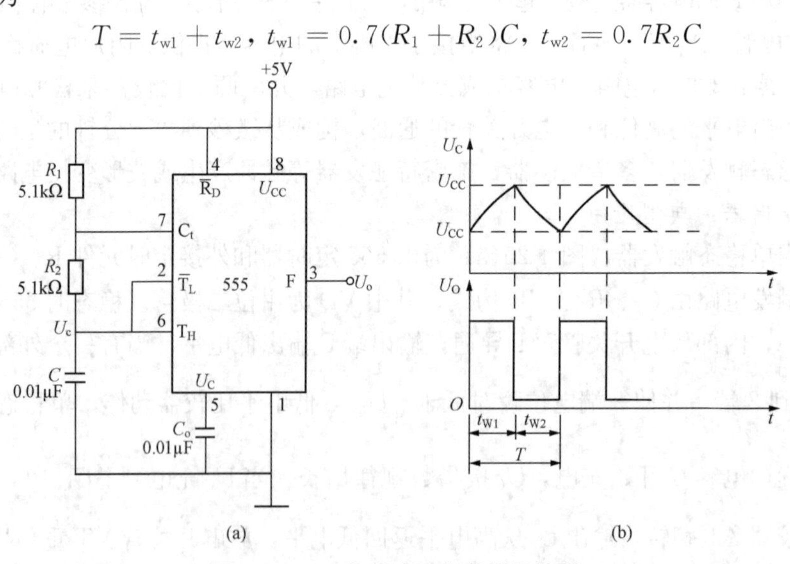

图 4-26 555 构成多谐振荡器及波形

(a) 555 构成的多谐振荡器；(b) 波形图

555 电路要求 R_1 与 R_2 均应大于或等于 1kΩ，但 $R_1 + R_2$ 应小于或等于 3.3MΩ。

外部元件的稳定性决定了多谐振荡器的稳定性。555 定时器配以少量的元件即可获得较高精度的振荡频率和具有较强的功率输出能力。因此这种形式的多谐振荡器应用很广。

(3) 组成占空比可调的多谐振荡器。电路如图 4-27 所示，与图 4-26 所示电路相比增加

了一个电位器和两个导引二极管。VD1、VD2 用来决定电容充、放电电流流经电阻的途径（充电时 VD1 导通，VD2 截止；放电时 VD2 导通，VD1 截止）。

占空比

$$P=\frac{t_{w1}}{t_{w1}+t_{w2}}\approx\frac{0.7R_AC}{0.7C(R_A+R_B)}=\frac{R_A}{R_A+R_B}$$

可见，若取 $R_A=R_B$，电路即可输出占空比为 50% 的方波信号。

（4）组成占空比连续可调并能调节振荡频率的多谐振荡器。电路如图 4-28 所示。对 C_1 充电时，充电电流通过 R_1、VD_1、R_{W2} 和 R_{W1}；放电时电流通过 R_{W1}、R_{W2}、VD2、R_2。当 $R_1=R_2$、R_{W2} 调至中心点时，因充放电时间基本相等，其占空比约为 50%，此时调节 R_{W1} 仅改变频率，占空比不变。如 R_{W2} 调至偏离中心点，再调节 R_{W1}，不仅振荡频率改变，而且对占空比也有影响。R_{W1} 不变，调节 R_{W2}，仅改变占空比，对频率无影响。因此，接通电源后，应首先调节 R_{W1} 使频率至规定值，再调节 R_{W2}，以获得需要的占空比。若频率调节的范围比较大，还可以用波段开关改变 C_1 的值。

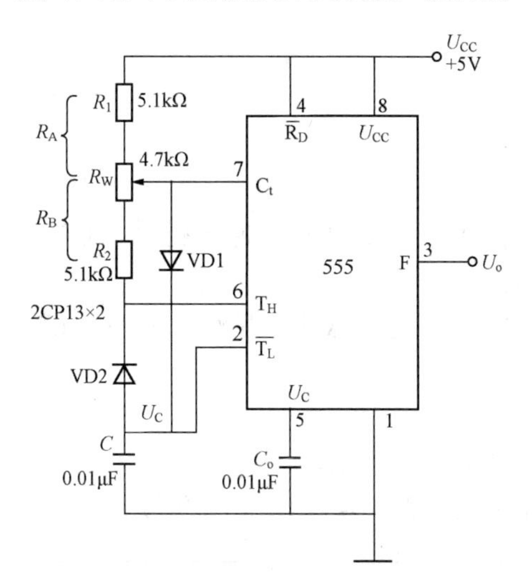

图 4-27　占空比可调的多谐振荡器

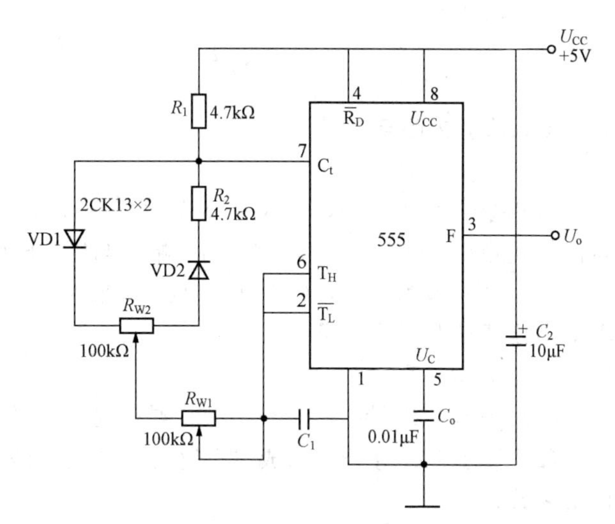

图 4-28　占空比与频率均可调的多谐振荡器

（5）组成施密特触发器。电路构成如图 4-29 所示，只要将 555 的引脚 2、6 连在一起作为信号输入端，即可得到施密特触发器。图 4-30 所示为 U_S，U_i 和 U_O 的波形图。

设被整形变换的电压为正弦波 U_S，其正半波通过二极管 VD 同时加到 555 定时器的引脚 2 和引脚 6，得 U_i 为半波整流波形。当 U_i 上升到 $\frac{2}{3}U_{CC}$ 时，U_O 从高电平翻转为低电平；当 U_i 下降到 $\frac{1}{3}U_{CC}$ 时，U_O 又从低电平翻转为高电平。电路的电压传输特性曲线如图 4-31 所示。

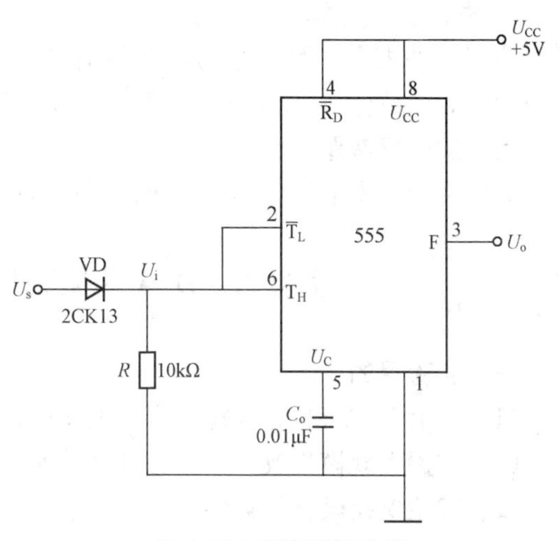

图 4-29　施密特触发器

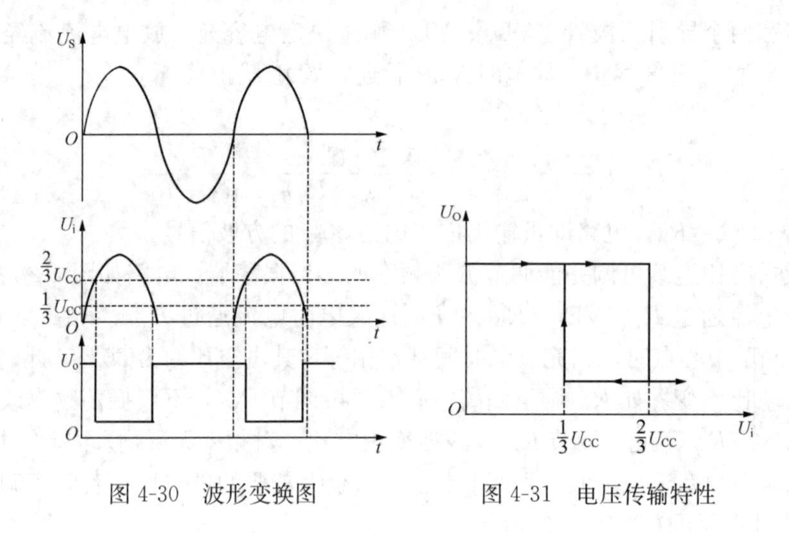

图 4-30 波形变换图　　　　图 4-31 电压传输特性

回差电压

$$\Delta U=\frac{2}{3}U_{CC}-\frac{1}{3}U_{CC}=\frac{1}{3}U_{CC}$$

五、实验内容与步骤

1. 单稳态触发器

(1) 按图 4-25 接线，取 $R=100\text{k}\Omega$，$C=47\mu\text{F}$，输入信号 U_i 由单次脉冲源提供，用双踪示波器观测 U_i、U_C、U_o 的波形。测定幅值与暂稳时间。

(2) 将 R 改为 $1\text{k}\Omega$，C 改为 $0.1\mu\text{F}$，输入端加 1kHz 的连续脉冲，观测波形 U_i、U_C、U_o，测定幅值及暂稳时间。

2. 多谐振荡器

(1) 按图 4-26 接线，用双踪示波器观测 U_C 与 U_o 的波形，测定频率。

(2) 按图 4-27 接线，组成占空比为 50% 的方波信号发生器。观测 U_C、U_o 的波形，测定波形参数。

(3) 按图 4-28 接线，通过调节 R_{W1} 和 R_{W2} 来观测输出波形。

3. 施密特触发器

按图 4-29 接线，输入信号由音频信号源提供，预先调好 U_S 的频率为 1kHz，接通电源，逐渐加大 U_S 的幅值，观测输出波形，测绘电压传输特性，计算回差电压 ΔU。

六、实验思考题

如何由两个多谐振荡器应构建模拟声响电路?

实验六　D/A 转换器和 A/D 转换器（验证性）

一、实验目的

(1) 了解 D/A 和 A/D 转换器的工作原理和基本结构。

(2) 掌握大规模集成 D/A 和 A/D 转换器的功能及其典型应用。

二、实验仪器设备与器件

D/A 转换器和 A/D 转换器实验所需仪器设备见表 4-20。

表 4-20　**实验仪器设备与器件**

序号	名称	型号规格	数量
1	数字电路实验箱	THD-2	1
2	数字万用表	VC9801A+	1
3	双踪示波器	V-252，20MHz	1
4	集成逻辑门	DAC0832，ADC0809，μA741 74LS00，74LS192，74LS20	各 1
5	其他	电位器，电阻，电容	若干

三、预习要求

（1）复习 A/D、D/A 转换的工作原理。

（2）熟悉 ADC0809、DAC0832 各引脚功能及使用方法。

（3）绘制完整的实验线路和所需的实验记录表格。

（4）拟定各个实验内容的具体实验方案。

（5）利用仿真软件 Proteus 仿真本实验的实验内容。

四、实验原理

在数字电子技术的很多应用场合，往往需要把模拟量转换为数字量，称为模/数转换器（A/D 转换器，简称 ADC）；或把数字量转换成模拟量，称为数/模转换器（D/A 转换器，简称 DAC）。完成这种转换的线路有多种，特别是单片大规模集成 A/D、D/A 转换器的问世，为实现上述转换提供了极大的方便。使用者借助于手册提供的器件性能指标及典型应用电路，即可正确使用这些器件。本实验将采用大规模集成电路 DAC0832 实现 D/A 转换，采用大规模集成电路 ADC0809 实现 A/D 转换。

1. DAC0832 型 D/A 转换器

DAC0832 是采用 CMOS 工艺制成的单片电流输出型 8 位数/模转换器。图 4-32 为 DAC0832 的逻辑框图及引脚排列。

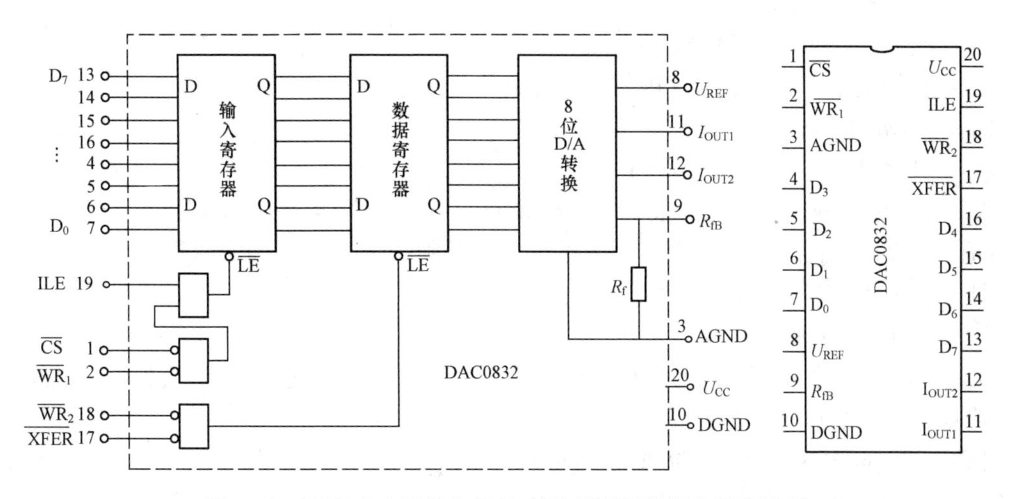

图 4-32　DAC0832 型单片 D/A 转换器逻辑框图和引脚排列

DAC0832 的核心部分为采用倒 T 型电阻网络的 8 位 D/A 转换器，如图 4-33 所示。它是由倒T型R-2R电阻网络、模拟开关、运算放大器和参考电压U_{REF}四部分组成。

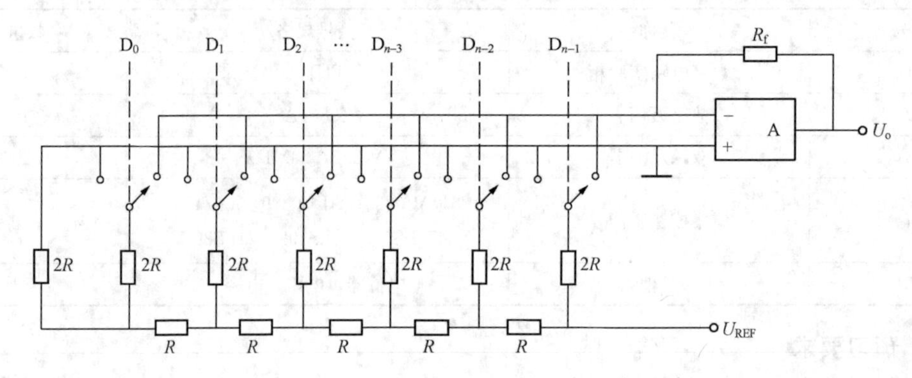

图4-33　倒T型电阻网络D/A转换电路

运放的输出电压为

$$U_o = \frac{U_{REF} \cdot R_f}{2^n R}(2^{n-1}D_{n-1} + 2^{n-2}D_{n-2} + \cdots + 2^0 D_0)$$

由上式可见，输出电压U_o与输入的数字量成正比，从而实现从数字量到模拟量的转换。

一个8位的D/A转换器，它有8个输入端，每个输入端是8位二进制数的一位，有一个模拟输出端，输入可有$2^8=256$个不同的二进制组态，输出为256个电压之一，即输出电压不是整个电压范围内任意值，而只能是256个可能值。

DAC0832的引脚功能说明如下：

$D_0 \sim D_7$：数字信号输入端。

ILE：输入寄存器允许，高电平有效。

$\overline{CS}$：片选信号，低电平有效。

$\overline{WR_1}$：写信号1，低电平有效。

$\overline{XFER}$：传送控制信号，低电平有效。

$\overline{WR_2}$：写信号2，低电平有效。

I_{OUT1}，I_{OUT2}：DAC电流输出端。

R_{fB}：反馈电阻，是集成在片内的外接运放的反馈电阻。

U_{REF}：基准电压（−10～+10）V。

U_{CC}：电源电压（+5～+15）V。

AGND：模拟地；NGND：数字地。AGND与NGND可接在一起使用。

DAC0832输出的是电流，要转换为电压，还必须经过一个外接的运算放大器，实验线路如图4-34所示。

2. ADC0809型A/D转换器

ADC0809是采用CMOS工艺制成的单片8位8通道逐次渐近型模-数转换器，其逻辑框图及引脚排列如图4-35所示。

ADC0809的核心部分是8位A/D转换器，它由比较器、逐次渐近寄存器、D/A转换器及控制和定时五部分组成。

ADC0809的引脚功能说明如下：

IN0～IN7：8路模拟信号输入端。

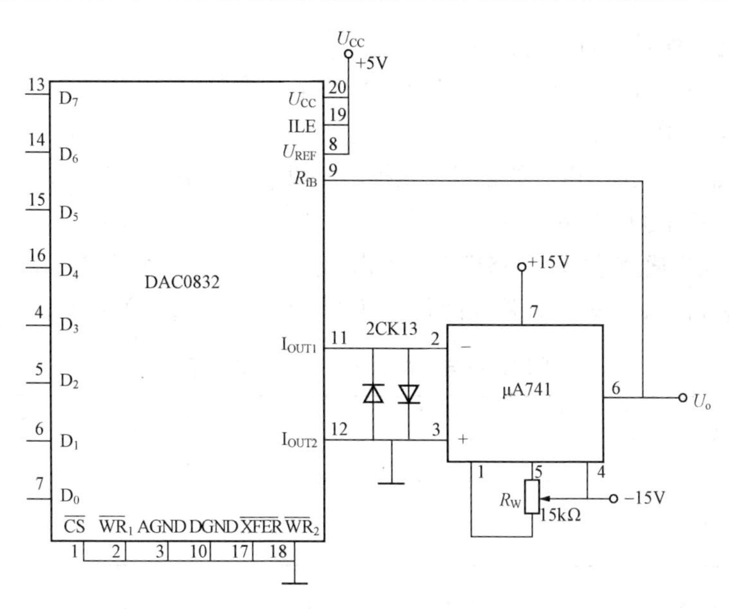

图 4-34　D/A 转换器实验线路

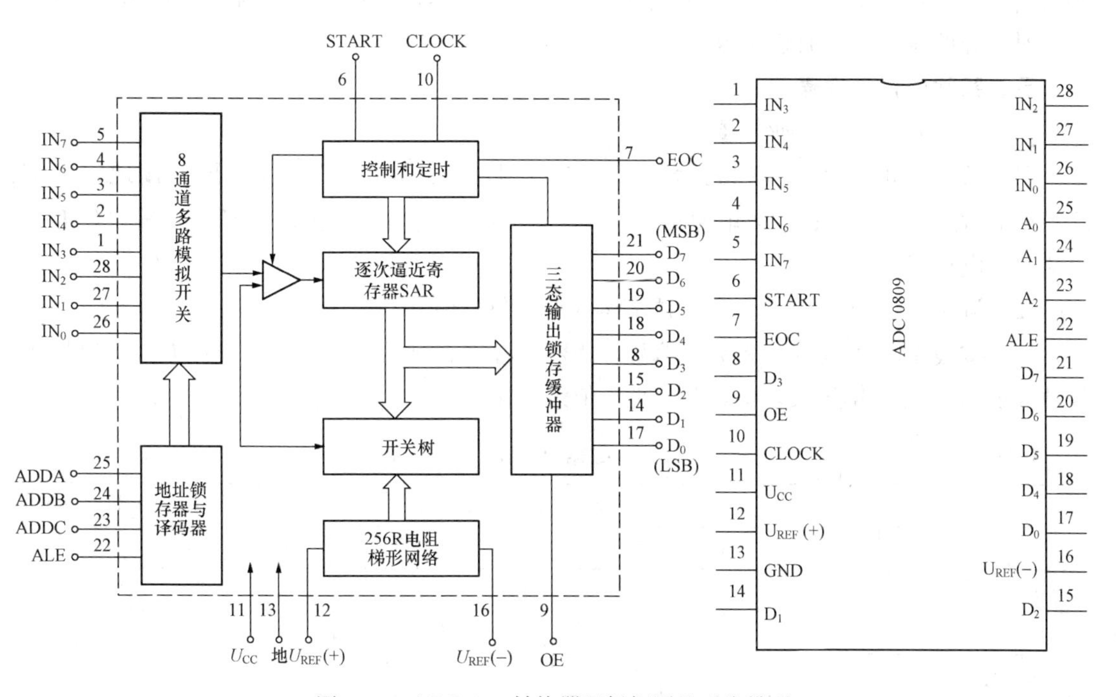

图 4-35　ADC0809 转换器逻辑框图及引脚排列

A2、A1、A0：地址输入端。

ALE：地址锁存允许输入信号，在此引脚施加正脉冲，上升沿有效，此时锁存地址码，从而选通相应的模拟信号通道，以便进行 A/D 转换。

START：启动信号输入端，应在此引脚施加正脉冲，当上升沿到达时，内部逐次逼近寄存器复位，在下降沿到达后，开始 A/D 转换过程。

EOC：转换结束输出信号（转换结束标志），高电平有效。

OE：输入允许信号，高电平有效。

CLOCK（CP）：时钟信号输入端，外接时钟频率一般为640kHz。

U_{cc}：＋5V单电源供电。

$U_{REF(+)}$、$U_{REF(-)}$：基准电压的正极、负极。一般$U_{REF(+)}$接＋5V电源，$U_{REF(-)}$接地。

D_7～D_0：数字信号输出端。

（1）模拟量输入通道选择。8路模拟开关由A_2、A_1、A_0三地址输入端选通8路模拟信号中的任何一路进行A/D转换，地址译码与模拟输入通道的选通关系见表4-21。

表4-21　　地址译码与模拟输入通道的选通关系

被选模拟通道		IN_0	IN_1	IN_2	IN_3	IN_4	IN_5	IN_6	IN_7
地址	A_2	0	0	0	0	1	1	1	1
	A_1	0	0	1	1	0	0	1	1
	A_0	0	1	0	1	0	1	0	1

（2）D/A转换过程。在启动端（START）加启动脉冲（正脉冲），D/A转换即开始。如将启动端（START）与转换结束端（EOC）直接相连，转换将是连续的，在用这种转换方式时，开始应在外部加启动脉冲。

五、实验内容与步骤

1. DAC0832型D/A转换器

（1）按图4-34接线，电路接成直通方式，即$\overline{CS}$、$\overline{WR_1}$、$\overline{WR_2}$、$\overline{XFER}$接地；ALE、U_{CC}、U_{REF}接＋5V电源；运放电源接±15V；D_0～D_7接逻辑开关的输出插口，输出端U_o接直流数字电压表。

（2）调零，令D_0～D_7全置零，调节运放的电位器使μA741输出为零。

（3）按表4-22所列的输入数字信号，用数字万用表测量运放的输出电压U_o，将测量结果填入表4-22的数据记录表中，并与理论值进行比较。

表4-22　　数据记录表

输入数字量								输出模拟量U_o（V）
D_7	D_6	D_5	D_4	D_3	D_2	D_1	D_0	U_{CC}＝＋5V
0	0	0	0	0	0	0	0	
0	0	0	0	0	0	0	1	
0	0	0	0	0	0	1	0	
0	0	0	0	0	1	0	0	
0	0	0	0	1	0	0	0	
0	0	0	1	0	0	0	0	
0	0	1	0	0	0	0	0	
0	1	0	0	0	0	0	0	
1	0	0	0	0	0	0	0	
1	1	1	1	1	1	1	1	

2. ADC0809 型 A/D 转换器

ADC0809 实验线路按图 4-36 接线。

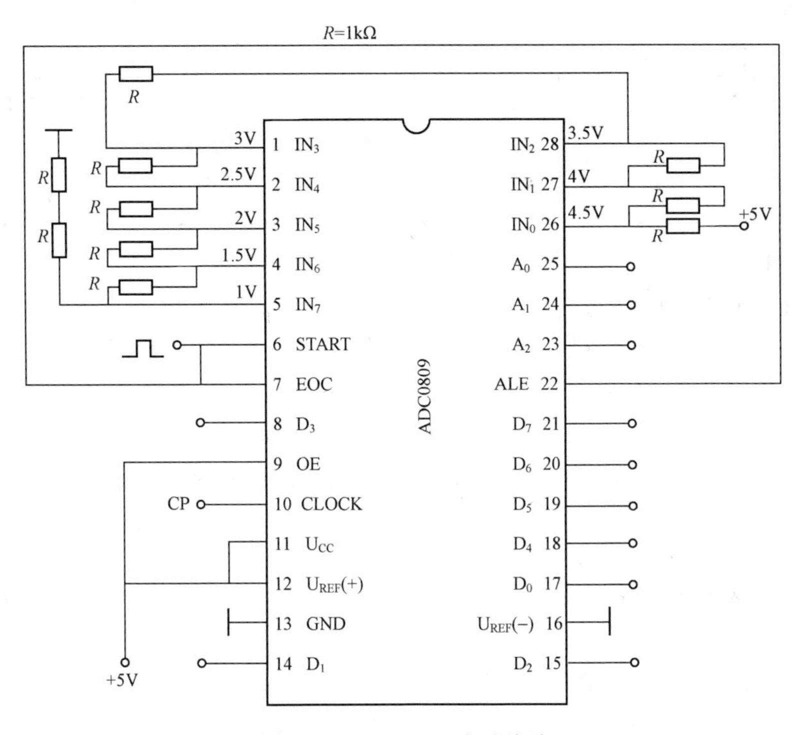

图 4-36　ADC0809 实验线路

（1）8 路输入模拟信号电压为 1～4.5V，由＋5V 电源经电阻 R 分压组成；转换结果 D_0～D_7 接逻辑电平显示器输入插口，CP 时钟脉冲由计数脉冲源提供，取 f＝100kHz；A_0～A_2 地址端接逻辑电平输出插口。

（2）接通电源后，在启动端（START）加一正单次脉冲，下降沿一到即开始 A/D 转换。

（3）按表 4-23 的内容要求观察，记录 IN_0～IN_7 8 路模拟信号的转换结果，并将转换结果换算成十进制数表示的电压值，与数字万用表实测的各路输入电压值进行比较，分析误差原因。

表 4-23　　　　**数据记录表**

被选模拟通道	输入模拟量	地　址			输　出　数　字　量								
IN	U_i（V）	A_2	A_1	A_0	D_7	D_6	D_5	D_4	D_3	D_2	D_1	D_0	十进制
IN_0	4.5	0	0	0									
IN_1	4.0	0	0	1									
IN_2	3.5	0	1	0									
IN_3	3.0	0	1	1									
IN_4	2.5	1	0	0									

续表

被选模拟通道	输入模拟量	地　址			输 出 数 字 量								
IN	U_i（V）	A_2	A_1	A_0	D_7	D_6	D_5	D_4	D_3	D_2	D_1	D_0	十进制
IN_5	2.0	1	0	1									
IN_6	1.5	1	1	0									
IN_7	1.0	1	1	1									

六、实验思考题

（1）总结逐次渐进型 A/D 转换器的优缺点。

（2）查阅 CC14433 型双积分型 A/D 转换器资料，将相关实验数据与本实验数据进行比较，为以后综合实验打好基础。

实验七　智力竞赛抢答装置（综合性）

一、实验目的

（1）学习数字电路中 D 触发器、分频电路、多谐振荡器、CP 时钟脉冲源等单元电路的综合运用。

（2）熟悉智力竞赛抢答器的工作原理。

（3）了解简单数字系统实验、调试及故障排除方法。

二、实验仪器设备与器件

智力竞赛抢答装置实验所需仪器设备见表 4-24。

表 4-24　　实验仪器设备与器件

序号	名称	型号规格	数量
1	数字电路实验箱	THD-2	1
2	双踪示波器	V-252，20MHz	1
3	数字万用表	VC9801A＋	1
4	集成逻辑门	74LS175，74LS20，74LS74，74LS00	各 1

三、预习要求

（1）若在图 4-37 电路中加一个计时功能，要求计时电路显示时间精确到秒，最多限制为 2min，一旦超出限时，则取消抢答权，电路需如何改进。

（2）利用仿真软件 Proteus 仿真本实验的实验内容。

四、实验原理

图 4-37 为供四人用的智力竞赛抢答装置线路，用以判断抢答优先权。图中，F1 为 74LS175 型四 D 触发器，它具有公共置 0 端和公共 CP 端；F2 为 74LS20 型双 4 输入与非门；F3 是由 74LS00 组成的多谐振荡器；F4 是由 74LS74 组成的四分频电路，F3、F4 组成抢答电路中的 CP 时钟脉冲源，抢答开始时，由主持人清除信号，按下复位开关 S，

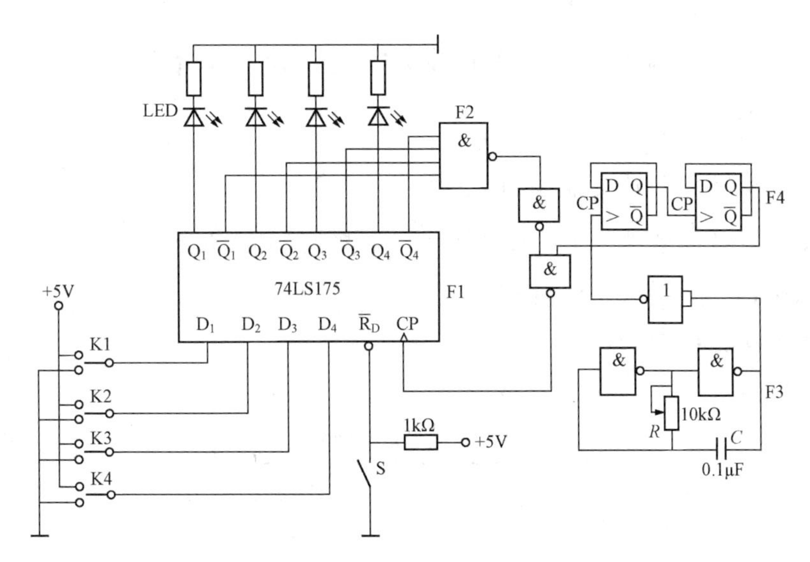

图 4-37 智力竞赛抢答装置原理图

74LS175 的输出 Q_1～Q_4 全为 0，所有发光二极管 LED 均熄灭，当主持人宣布“抢答开始”后，首先作出判断的参赛者立即按下开关，对应的发光二极管点亮，同时，通过与非门 F2 送出信号锁住其余三个抢答者的电路，不再接受其他信号，直到主持人再次清除信号为止。

五、实验内容与步骤

(1) 测试各触发器及各逻辑门的逻辑功能并判断器件的好坏。

(2) 按图 4-37 接线，抢答器五个开关接实验装置上的逻辑开关，发光二极管接逻辑电平显示器。

(3) 断开抢答器电路中 CP 脉冲源电路，单独对多谐振荡器 F3 及分频器 F4 进行调试，调整多谐振荡器 10kΩ 电位器，使其输出脉冲频率约 4kHz，观察 F3 及 F4 输出波形并测试其频率。

(4) 测试抢答器电路功能。接通＋5V 电源，CP 端接实验装置上的连续脉冲源，取重复频率约 1kHz。

1) 抢答开始前，开关 K1、K2、K3、K4 均置“0”，准备抢答，将开关 S 置“0”，发光二极管全熄灭，再将 S 置“1”。抢答开始，K1、K2、K3、K4 某一开关置“1”，观察发光二极管的亮、灭情况，然后再将其他三个开关中任一开关置“1”，观察发光二极的亮、灭是否改变。

2) 重复实验内容 1)，改变 K1、K2、K3、K4 任一开关的状态，观察抢答器的工作情况。

3) 整体测试。断开实验装置上的连续脉冲源，接入 F3 及 F4，再进行实验。

六、实验思考题

(1) 分析智力竞赛抢答装置各部分功能及工作原理。

(2) 总结判断数字电路器件好坏及测试各部分电路功能的方法。

实验八 三位半直流数字电压表（综合性）

一、实验目的

（1）了解双积分 A/D 转换器的工作原理。

（2）熟悉 CC14433 型 $3\frac{1}{2}$位 A/D 转换器的性能及其引脚功能。

（3）掌握用 CC14433 构成直流数字电压表的方法。

二、实验仪器设备与器件

直流数字电压表实验所需仪器设备见表 4-25。

表 4-25 实验仪器设备与器件

序号	名称	型号规格	数量
1	数字电路实验箱	THD-2	1
	双踪示波器	V-252，20MHz	1
2	数字万用表	VC9801A＋	1
3	其他	按线路图 4-40 要求的元、器件清单	各 1

三、预习要求

（1）本实验是一个综合性实验，应做好充分准备。

（2）仔细分析图 4-40 各部分电路的连接及其工作原理。

（3）利用仿真软件 Proteus 仿真本实验的实验内容。

四、实验原理

直流数字电压表的核心器件是一个间接型 A/D 转换器，它首先将输入的模拟电压信号转换成易于准确测量的时间量，然后在这个时间宽度里用计数器计时，计数结果就是正比于输入模拟电压信号的数字量。

1. V/T 变换型双积分 A/D 转换器

图 4-38 是双积分 ADC 的控制逻辑框图。它由积分器（包括运算放大器 A1 和 RC 积分网络）、过零比较器 A2、N 位二进制计数器、开关控制电路、门控电路、参考电压 U_R 与时钟脉冲源 CP 组成。

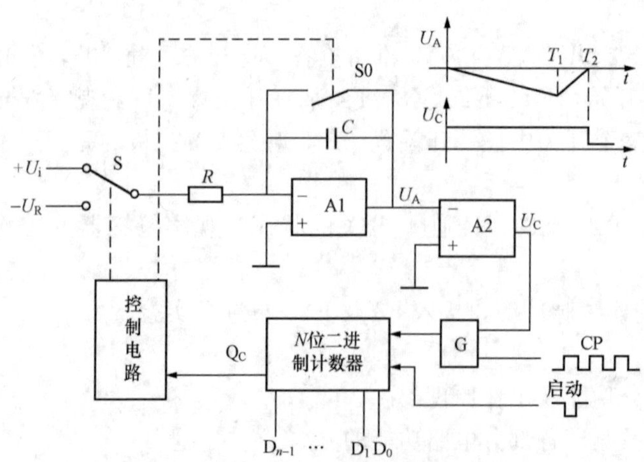

图 4-38 双积分 ADC 原理框图

转换开始前，先将计数器清零，并通过控制电路使开关 S0 接通，将电容 C 充分放电。由于计数器进位输出 $Q_C=0$，控制电路使开关 S 接通 U_i，模拟电压与积分器接通，同时，门 G 被封锁，计数器不工作。积分器输出 U_A 线性下降，经零值比较器 A2 获得一方波 U_C，打开门 G，计数器开始计数，当输入 2^n 个时钟脉冲后 $t=T_1$，各触发器输出端 $D_{n-1}\sim D_0$ 由

111…1 回到 000…0，其进位输出 $Q_C=1$，作为定时控制信号，通过控制电路将开关 S 转换至基准电压源 $-U_R$，积分器向相反方向积分，U_A开始线性上升，计数器重新从零开始计数，直到 $t=T_2$，U_A下降到 0，比较器输出的正方波结束，此时计数器中暂存的二进制数字就是 U_i相对应的二进制数码。

2. CC14433 型 $3\frac{1}{2}$位双积分 A/D 转换器的性能特点

CC14433 是 CMOS 双积分式 $3\frac{1}{2}$位 A/D 转换器，它是将构成数字和模拟电路的约 7700 多个 MOS 晶体管集成在一个硅芯片上，芯片有 24 只引脚，采用双列直插式，其引脚排列与功能如图 4-39 所示。

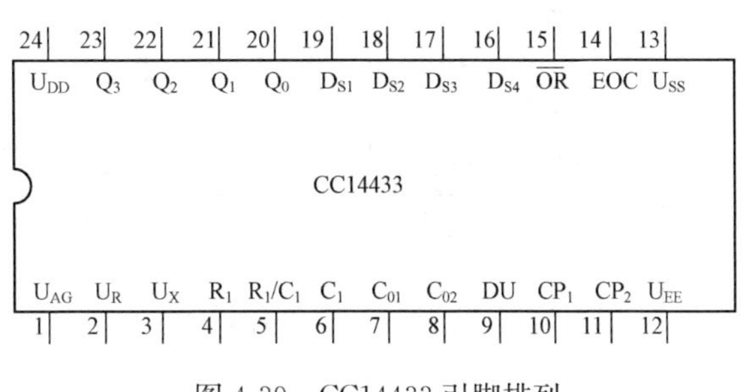

图 4-39　CC14433 引脚排列

引脚功能说明：

U_{AG}（引脚 1）：被测电压 U_X和基准电压 U_R的参考地。

U_R（引脚 2）：外接基准电压（2V 或 200mV）输入端。

U_X（引脚 3）：被测电压输入端。

R_1（引脚 4）、R_1/C_1（引脚 5）、C_1（引脚 6）：外接积分阻容元件端，$C_1=0.1\mu F$（聚酯薄膜电容器），$R_1=470k\Omega$（2V 量程），$R_1=27k\Omega$（200mV 量程）。

C_{01}（引脚 7）、C_{02}（引脚 8）：外接失调补偿电容端，典型值 $0.1\mu F$。

DU（引脚 9）：实时显示控制输入端。若与 EOC（引脚 14）端连接，则每次 A/D 转换均显示。

CP_1（引脚 10）、CP_0（引脚 11）：时钟振荡外接电阻端，典型值为 $470k\Omega$。

U_{EE}（引脚 12）：电路的电源最负端，接 −5V。

U_{SS}（引脚 13）：除 CP 外所有输入端的低电平基准（通常与引脚 1 连接）。

EOC（引脚 14）：转换周期结束标记输出端，每一次 A/D 转换周期结束，EOC 输出一个正脉冲，宽度为时钟周期的 1/2。

$\overline{OR}$（引脚 15）：过量程标志输出端，当 $|U_X|>U_R$时，$\overline{OR}$输出为低电平。

$DS_4\sim DS_1$（引脚 16～19）：多路选通脉冲输入端，DS_1对应于千位，DS_2对应于百位，DS_3对应于十位，DS_4对应于个位。

$Q_0\sim Q_3$（引脚 20～23）：BCD 码数据输出端，DS_2、DS_3、DS_4选通脉冲期间，输出三位完整的十进制数，在 DS_1选通脉冲期间，输出千位“0”或“1”及过量程、欠量程和被测电压极性标志信号。

CC14433 具有自动调零、自动极性转换等功能。可测量正或负的电压值。当 CP_1、CP_0端接入 $470k\Omega$ 电阻时，时钟频率≈66kHz，每秒钟可进行 4 次 A/D 转换。使用调试简便，能与微处理机或其他数字系统兼容，广泛用于数字面板表、数字万用表、数字温度计、数字量具及遥测、遥控系统。

3. $3\frac{1}{2}$位直流数字电压表的组成（实验线路）

线路结构如图 4-40 所示。

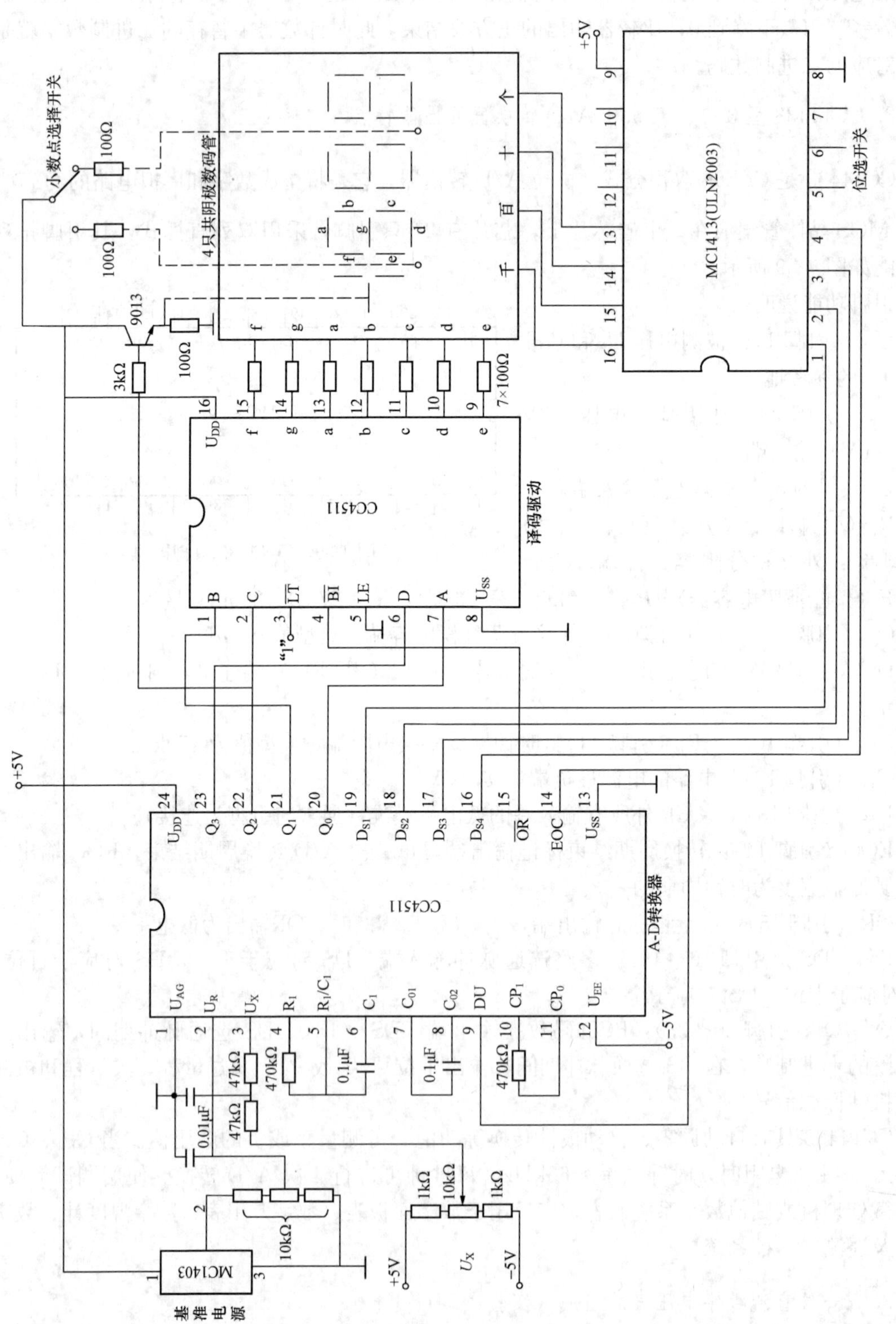

图 4-40 三位半直流数字电压表线路图

（1）被测直流电压 U_X 经 A/D 转换后以动态扫描形式输出，数字量输出端 Q_0、Q_1、Q_2、Q_3 上的数字信号（8421 码）按照时间先后顺序输出。位选信号 DS_1、DS_2、DS_3、DS_4 通过位选开关 MC1413 分别控制千位、百位、十位和个位上的 4 只 LED 数码管的公共阴极。数字信号经 CC4511 型七段译码器译码后，驱动 4 只 LED 数码管的各段阳极。从而将 A/D 转换器按时间顺序输出的数据以扫描形式在 4 只数码管上依次显示出来，由于选通重复频率较高，工作时从高位到低位以每位每次约 300μs 的速率循环显示，即一个 4 位数的显示周期是 1.2ms，所以凭肉眼就能清晰地看到 4 位数码管同时显示 $3\frac{1}{2}$ 位十进制数字量。

（2）当参考电压 $U_R=2V$ 时，满量程显示 1.999V；$U_R=200mV$ 时，满量程显示 199.9mV。可以通过选择开关来控制千位和十位数码管的 h 笔段，经限流电阻实现对相应的小数点显示的控制。

（3）最高位（千位）显示时只有 b、c 两根线与 LED 数码管的引脚 b、c 相接，所以千位只显示"1"或不显示，用千位的 g 笔段来显示模拟量的负值（正值不显示），即由 CC14433 的 Q_2 端通过 NPN 晶体管 9013 来控制 g 笔段。

MC1403 型精密基准电源 A/D 转换需要外接标准电压源做参考电压。标准电压源的准确度应当高于 A/D 转换器的准确度。本实验采用 MC1403 集成精密稳压源做参考电压，MC1403 的输出电压为 2.5V，当输入电压在 4.5～15V 范围内变化时，输出电压的变化不超过 3mV，一般只有 0.6mV 左右，输出最大电流为 10mA。MC1403 引脚排列如图 4-41 所示。

（4）实验中使用 CC4511 型 CMOS BCD 七段译码/驱动器。

（5）MC1413 型七路达林顿晶体管列阵。

MC1413 采用 NPN 达林顿复合晶体管的结构，因此有很高的电流增益和很高的输入阻抗，可直接接受 MOS 或 CMOS 集成电路的输出信号，并把电压信号转换成足够大的电流信号驱动各种负载。该电路内含有 7 个集电极开路反相器（也称 OC 门）。MC1413 电路结构和引脚排列如图 4-42 所示，它采用 16 引脚的双列直插式封装。每一驱动器输出端均接有一释放电感负载能量的抑制二极管。

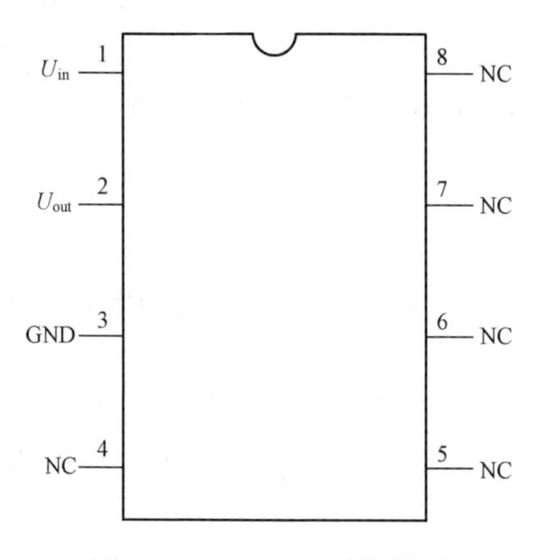

图 4-41　MC1403 引脚排列

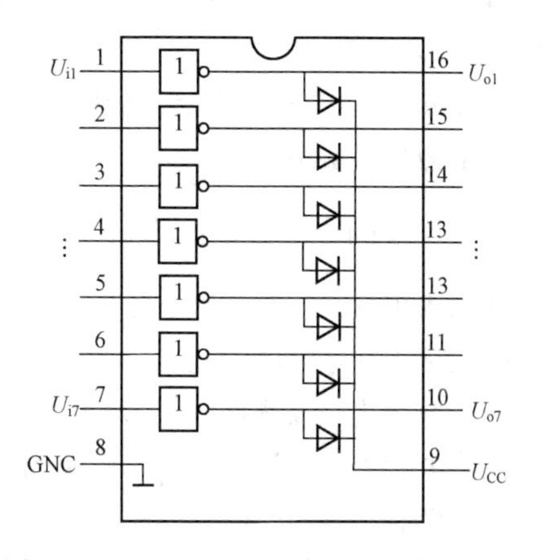

图 4-42　MC1413 引脚排列和电路结构图

五、实验内容与步骤

本实验要求按图 4-40 组装并调试好一台 $3\frac{1}{2}$ 位直流数字电压表，实验时应按步骤分步进行。

（1）数码显示部分的组装与调试。

1）建议将4只数码管插入40P集成电路插座上，将4个数码管同名笔划段与显示译码的相应输出端连在一起，其中最高位只要将b、c、g三笔划段接入电路，按图4-40接好连线待用，暂不插所有的芯片。

2）插好芯片CC4511与MC1413，并将CC4511的输入端A、B、C、D接至拨码开关对应的A、B、C、D四个插口处；将MC1413的引脚1、2、3、4接至逻辑开关输出插口。

3）将MC1413的引脚2置“1”，引脚1、3、4置“0”，接通电源，拨动码盘（按“+”或“−”键）自0～9变化，检查数码管是否按码盘的指示值变化。

4）按实验原理说明3（5）项的要求，检查译码显示是否正常。

5）分别将MC1413的引脚3、4、1单独置“1”，重复实验内容1(3)。

如果所有4位数码管显示正常，则去掉数字译码显示部分的电源，备用。

（2）标准电压源的连接和调整。

插上MC1403基准电源，用标准数字电压表检查输出是否为2.5V，然后调整10kΩ电位器，使其输出电压为2.00V，调整结束后去掉电源线，供总装时备用。

（3）总装总调。

1）插好芯片MC14433，按图4-40接好全部线路。

2）将输入端接地，接通+5V、−5V电源（先接好地线），此时显示器将显示“000”值，如果不是，应检测电源正、负电压。用示波器测量、观察DS_1～DS_4、Q_0～Q_3的波形，判别故障所在。

3）用电阻、电位器构成一个简单的输入电压U_X调节电路，调节电位器，4位数码将相应变化，然后进入下一步精调。

4）用数字万用表测量输入电压，调节电位器，使U_X=1.000V，这时被调电路的电压指示值不一定显示“1.000”，应调整基准电压源，使指示值与标准电压表误差个位数在5之内。

5）改变输入电压U_X的极性，使U_i=−1.000V，检查“−”是否显示，并按实验内容3（4）方法校准显示值。

6）在+1.999V～0～−1.999V量程内再一次仔细调整（调基准电源电压），使全部量程内的误差个位数均不超过5。

至此一个测量范围在±1.999的$3\frac{1}{2}$位数字直流电压表调试成功。

（4）记录输入电压为±1.999、±1.500、±1.000、±0.500、0.000V时（数字万用表的读数）被调数字电压表的显示值，列表记录之。

（5）用自制数字电压表测量正、负电源电压。如何测量，试设计扩程测量电路。

（6）若积分电容C_1、C_{02}（0.1μF）换用普通金属化纸介电容时，观察测量精度的变化。

六、实验思考题

（1）参考电压U_R上升，显示值增大还是减少？

（2）要使显示值保持某一时刻的读数，电路应如何改动？

参 考 文 献

[1] 邱关源. 电路. 5版. 北京：高等教育出版社，2009.
[2] 金凤莲. 模拟电子技术基础实验及课程设计. 北京：清华大学出版社，2009.
[3] 武林. 电子电路基础实验与课程设计. 北京：北京大学出版社，2013.
[4] 杨素行. 模拟电子技术基础简明教程. 3版. 北京：高等教育出版社，2011.
[5] 余孟尝. 数字电子技术基础简明教程. 3版. 北京：高等教育出版社，2013.